Aufgaben-sammlung Analysis I

von
Prof. Dr. Friedmar Schulz

Oldenbourg Verlag München

Prof. Dr. Friedmar Schulz war – nach Studium, Promotion und Habilitation in Mathematik – zunächst als Gastprofessor an verschiedenen Universitäten tätig, u.a. an der University of Minnesota, Minneapolis (USA); University of Iowa, Iowa City (USA); University of Kentucky, Lexington (USA); Australian National University, Canberra (Australien); University of Queensland, St. Lucia (Australien) und der Zhejiang University, Hangzhou (China). Seit 1994 ist er Professor für Mathematik an der Universität Ulm, wo er von 1995-1997 auch Dekan der Fakultät für Mathematik und Wirtschaftswissenschaften war. Seit 1998 ist er zudem außerordentlicher Professor der Changsha Railway University, Changsha, China. Professor Schulz ist Hauptherausgeber der im Oldenbourg Verlag erscheinenden Zeitschrift "Analysis. International mathematical journal of analysis and its applications".

Bibliografische Information der Deutschen Nationalbibliothek

Die Deutsche Nationalbibliothek verzeichnet diese Publikation in der Deutschen Nationalbibliografie; detaillierte bibliografische Daten sind im Internet über http://dnb.d-nb.de abrufbar.

© 2011 Oldenbourg Wissenschaftsverlag GmbH
Rosenheimer Straße 145, D-81671 München
Telefon: (089) 45051-0
www.oldenbourg-verlag.de

Lektorat: Kathrin Mönch
Herstellung: Constanze Müller
Einbandgestaltung: hauser lacour
Gesamtherstellung: Grafik + Druck GmbH, München

Dieses Papier ist alterungsbeständig nach DIN/ISO 9706.

ISBN 978-3-486-70543-0

Vorwort

Der erste Teil des vorliegenden Bandes enthält Übungsaufgaben zur Analysis 1. Die Gliederung entspricht meinem Lehrbuch[1]. Das Lösen von Übungsaufgaben ist ein wesentlicher Bestandteil des Studiums, der Leser sollte deshalb möglichst viele Aufgaben selbständig bearbeiten. Dabei wünsche ich viel Spaß.

Im zweiten Teil finden sich Lösungen zu einigen ausgesuchten Aufgaben sowie Lösungshinweise zu einigen weiteren. Die Lösungen sind anfänglich zum Teil sehr ausführlich dargestellt, spätere Lösungen sind skizzenhafter, sie stellen also keine Musterlösungen dar und sollten vom Leser vervollständigt werden. Ich bitte, mir durch Zusendung von Verbesserungsvorschlägen, Korrekturen und von ganz besonders schönen Lösungen bei der Verbesserung des Bandes zu helfen.

Aufgaben mit Lösungen sind mit einem Ⓛ versehen, Aufgaben, die teilweise gelöst sind, mit einem Ⓣ, solche mit Hinweisen mit einem Ⓗ und Aufgaben, für die eine Lösung und ein Hinweis zu einem weiteren Lösungsweg angegeben ist, sind mit einem Ⓐ (für Alternative) versehen. Dies stellt allerdings keine strikte Trennung dar.

Ich möchte mich bei Frau A. Lesle, Frau H. Runckel und Herrn Dr. J.-W. Liebezeit herzlich bedanken für die Erstellung des Manuskripts. Jan hat uns immer kundig unterstützt, die Abbildungen erstellt und die endgültige LaTeX-Gestaltung übernommen. Für dieses Engagement danke ich ihm besonders.

Ulm   Friedmar Schulz

---

[1] F. Schulz, Analysis 1, Oldenbourg Wissenschaftsverlag

Inhaltsverzeichnis

Teil I

Aufgaben

0 Mengen, Relationen und Abbildungen

0.1 Naive Mengenlehre

0.1.1 Sei A eine Teilmenge der natürlichen Zahlen $\mathbb{N}$. Man formuliere die Negation zu folgenden Aussagen:

(i) Ⓛ Jedes Element $a \in A$ ist eine gerade Zahl.

(ii) Jedes Element $a \in A$ ist durch 4 oder durch 5 teilbar.

(iii) Ⓛ Jedes Element $a \in A$ ist durch 4 und durch 5 teilbar.

(iv) Es gibt ein Element $a \in A$, das durch 5 teilbar ist.

0.1.2 Die Aussage „Jede natürliche Zahl n von der Form $n = 4 \cdot k$, $k \in \mathbb{N}$, ist gerade" schreibe man folgendermaßen

(i) Ⓛ Falls n ..., dann ist n ....

(ii) Höchstens dann, wenn n ..., dann ist n ....

(iii) Ⓛ n ... ist notwendig dafür, dass n ....

(iv) n ... ist hinreichend dafür, dass n ....

0.1.3 X, Y seien Mengen. Man beweise:

(i) Ⓛ $X \cup Y = Y \;\Leftrightarrow\; X \subset Y$.

(ii) $X \cap Y = Y \;\Leftrightarrow\; Y \subset X$.

0.1.4 Für Mengen X, Y, Z beweise man die Distributivgesetze und deMorganschen Regeln:

(i) Ⓛ $X \cup (Y \cap Z) = (X \cup Y) \cap (X \cup Z)$.

(ii) $X \cap (Y \cup Z) = (X \cap Y) \cup (X \cap Z)$.

(iii) Ⓛ $Z \setminus (X \cup Y) = (Z \setminus X) \cap (Z \setminus Y)$.

(iv) $Z \setminus (X \cap Y) = (Z \setminus X) \cup (Z \setminus Y)$.

0.1.5 Für Mengen X, Y, Z beweise man die Formeln

(i) Ⓛ $X \setminus (X \setminus Y) = X \cap Y$.

(ii) $(X \cup Y) \setminus Z = (X \setminus Z) \cup (Y \setminus Z)$.

0.1.6 Für jedes $n \in \mathbb{N}$ bezeichne X_n eine Menge. Gilt dann für die Mengen

$$X := \bigcap_{n=1}^{\infty} \left(\bigcup_{k=n}^{\infty} X_k \right), \quad Y := \bigcup_{n=1}^{\infty} \left(\bigcap_{k=n}^{\infty} X_k \right)$$

eine Beziehung der Form $X \subset Y$, $Y \subset X$ oder $X = Y$? Dabei ist

$$\bigcup_{k=n}^{\infty} X_k := \{\, x \mid x \in X_k \text{ für ein } k \geq n \,\} = \{\, x \mid \text{ es gibt ein } k \geq n \text{ mit } x \in X_k \,\},$$

$$\bigcap_{k=n}^{\infty} X_k := \{\, x \mid x \in X_k \text{ für alle } k \geq n \,\} = \{\, x \mid \text{ für alle } k \geq n \text{ gilt } x \in X_k \,\}.$$

0.1.7 Es seien X_n, Y_m für $n, m \in \mathbb{N}$ Mengen. Man zeige:

(i) Ⓛ $\left(\bigcup_{n=1}^{\infty} X_n \right) \setminus \left(\bigcup_{m=1}^{\infty} Y_m \right) = \bigcap_{m=1}^{\infty} \left(\bigcup_{n=1}^{\infty} (X_n \setminus Y_m) \right)$.

(ii) $\left(\bigcup_{n=1}^{\infty} X_n \right) \setminus \left(\bigcap_{m=1}^{\infty} Y_m \right) = \bigcup_{m,n=1}^{\infty} (X_n \setminus Y_m)$.

0.1.8 Es seien X_{nm} für $n, m \in \mathbb{N}$ Mengen. Man zeige:

(i) Ⓛ $\bigcap_{n=1}^{\infty} \left(\bigcup_{m=1}^{\infty} X_{nm} \right) = \bigcup_{m_1, m_2, m_3, \ldots} \left(\bigcap_{n=1}^{\infty} X_{n m_n} \right)$.

(ii) $\bigcup_{n=1}^{\infty} \left(\bigcap_{m=1}^{\infty} X_{nm} \right) = \bigcap_{m_1, m_2, m_3, \ldots} \left(\bigcup_{n=1}^{\infty} X_{n m_n} \right)$.

0.2   Geordnete Paare und Relationen

0.2.1 Ⓗ Man zeige anhand eines Beispiels, dass das geordnete Paar (x, y) für $x \in X$ und $y \in Y$ nicht durch $(x, y) = \{ x, \{ y \} \}$ erklärt werden kann.

0.2.2 (i) Ⓛ Für Mengen X, Y, Z beweise man:

$$(X \cap Y) \times Z = (X \times Z) \cap (Y \times Z).$$

(ii) Ist X eine Menge, so heißt $\Delta(X) := \{ (x, y) \in X^2 \mid x = y \}$ die Diagonale in X^2. Man beweise für zwei Mengen X, Y:

$$X \subset Y \iff \Delta(X) \subset \Delta(Y).$$

0.3   Abbildungen

0.3.1 Ⓛ $I := \{ x \in \mathbb{R} \mid 0 \leq x \leq 1 \}$ sei das Einheitsintervall in den reellen Zahlen. Welche der folgenden Relationen $f_1, f_2, f_3, f_4 \subset I \times \mathbb{R}$ definieren Funktionen von I nach $\mathbb{R}$ (und welche nicht):

$$f_1 := \{ (x, y) \in I \times \mathbb{R} \mid x^2 + y^2 = 1 \},$$
$$f_2 := \{ (x, y) \in I \times \mathbb{R} \mid y - x^3 = 0 \},$$
$$f_3 := \{ (x, y) \in I \times \mathbb{R} \mid y^3 - xy = 0 \},$$
$$f_4 := \{ (x, y) \in I \times \mathbb{R} \mid y^2 - 2y + 1 = 0 \}.$$

Man gebe drei Funktionen $g_1, g_2, g_3 \subset I \times \mathbb{R}$ an, so dass $g_1 \cup g_2 \cup g_3 = f_3$ gilt.

0.3.2 Sei f eine Abbildung von X in Y und seien A, B Teilmengen von X. Man zeige die folgenden **Eigenschaften des Bildes**:

(i)   Ⓛ Aus $A \subset B$ folgt $f(A) \subset f(B)$.

(ii) $f(A \cup B) = f(A) \cup f(B)$.

(iii) Ⓛ $f(A \cap B) \subset f(A) \cap f(B)$.

(iv) Anhand eines Beispiels zeige man, dass im Allgemeinen

$$f(A \cap B) \neq f(A) \cap f(B).$$

0.3.3 Sei f eine Abbildung von X in Y und seien A', B' Teilmengen von Y. Dann gelten die folgenden **Eigenschaften des Urbildes:**

(i)   Ⓛ Aus $A' \subset B'$ folgt $f^{-1}(A') \subset f^{-1}(B')$.

(ii) $f^{-1}(A' \cup B') = f^{-1}(A') \cup f^{-1}(B')$.

(iii) Ⓛ $f^{-1}(A' \cap B') = f^{-1}(A') \cap f^{-1}(B')$.

(iv) Aus $A' \subset B'$ folgt $f^{-1}(B' \smallsetminus A') = f^{-1}(B') \smallsetminus f^{-1}(A')$.

0.3.4 Seien $f : X \to Y$ und $g : Y \to Z$ Abbildungen und seien $A \subset X$ und $A'' \subset Z$. Dann gelten die folgenden Beziehungen:

(i) Ⓛ $(g \circ f)(A) = g(f(A))$,

(ii) $(g \circ f)^{-1}(A'') = f^{-1}(g^{-1}(A''))$.

0.4   Injektive, surjektive und bijektive Abbildungen

0.4.1 X, Y seien Mengen, $f : X \to Y$ sei eine Abbildung. Man zeige:

(i) Ⓛ f ist injektiv $\Leftrightarrow$ für alle $y \in Y$ enthält die Menge $(X \times \{y\}) \cap f$ höchstens ein Element.

(ii) f ist surjektiv $\Leftrightarrow$ für alle $y \in Y$ enthält die Menge $(X \times \{y\}) \cap f$ mindestens ein Element.

0.4.2 (i) Ⓛ $X = \{a, b, c, d, e\}$, $Y = \{a', b', c', d', e'\}$ seien 5-elementige Mengen. Welche der folgenden Abbildungen $f, g : X \to Y$ sind injektiv, surjektiv oder bijektiv (bzw. welche sind nicht injektiv, surjektiv, bijektiv)?

$$f := \{(a, d'), (b, b'), (c, a'), (d, d'), (e, a')\},$$
$$g := \{(a, e'), (b, c'), (c, d'), (d, b'), (e, a')\}?$$

(ii) Welche der Abbildungen $f, g, h : \mathbb{R} \to \mathbb{R}$ sind injektiv, surjektiv oder bijektiv (bzw. welche sind es nicht)?

$$f(x) := x^2, \quad g(x) := x + |x|, \quad h(x) := x \cdot |x|?$$

0.4.3 X, Y, Z seien Mengen, $f : X \to Y$ und $g : Y \to Z$ seien Abbildungen. Man zeige:

(i) Sind f und g injektiv (bzw. surjektiv), so ist auch $g \circ f$ injektiv (bzw. surjektiv).

(ii) Sind f und g bijektiv, so gilt

$$(g \circ f)^{-1} = f^{-1} \circ g^{-1}.$$

0.4.4 Sei f eine Abbildung von X in Y und seien $A \subset X$ und $A' \subset Y$. Dann gelten die folgenden Aussagen:

(i) Ⓛ $f^{-1}(f(A)) \supset A$. Ist f injektiv, dann ist $f^{-1}(f(A)) = A$.

(ii) $f(f^{-1}(A')) = A' \cap \operatorname{Im} f$. Ist f surjektiv, dann gilt $f(f^{-1}(A')) = A'$.

0.4.5 Sei $f : X \to Y$ eine bijektive Abbildung. Für jede Teilmenge $A' \subset Y$ stimmt dann das Urbild von A' bezüglich f mit dem Bild von A' bezüglich der Inversen $f^{-1} : Y \to X$ überein. Beide Mengen werden mit $f^{-1}(A')$ bezeichnet.

0.4.6 Ⓣ Man beweise die folgenden Aussagen:

(i) Eine Abbildung $f : X \to Y$ ist genau dann injektiv, wenn sie eine **Linksinverse** besitzt, d. h., wenn eine Abbildung $g_\ell : Y \to X$ existiert mit

$$g_\ell \circ f = \operatorname{id}_X .$$

(ii) $f : X \to Y$ ist genau dann surjektiv, wenn sie eine **Rechtsinverse** besitzt, d. h., eine Abbildung $g_r : Y \to X$ mit

$$f \circ g_r = \operatorname{id}_Y .$$

0.4.7 (i) X, Y seien Mengen, $R \subset X \times Y$ sei eine Relation von X nach Y und $R^{-1} := \{ (y, x) \in Y \times X \mid (x, y) \in R \}$ sei die inverse Relation zu R. Man zeige: R und R^{-1} sind genau dann Abbildungen, wenn R eine bijektive Abbildung ist.

(ii) Man gebe eine Relation $R_1 \subset \mathbb{R}^2$ an, wo R_1 eine Funktion und R_1^{-1} keine Funktion ist. Analog finde man eine Relation $R_2 \subset \mathbb{R}^2$, die keine Funktion ist, wo jedoch R_2^{-1} eine Funktion ist.

1 Grundlagen der Analysis

1.1 Die natürlichen Zahlen

1.1.1 Man beweise durch vollständige Induktion für alle $n \in \mathbb{N}$:

(i) ⓛ $1^2 + 2^2 + \ldots + n^2 = \sum_{k=1}^{n} k^2 = \dfrac{n(n+1)(2n+1)}{6}$.

(ii) $1^3 + 2^3 + \ldots + n^3 = \sum_{k=1}^{n} k^3 = \left(\dfrac{n(n+1)}{2}\right)^2 = \left(\sum_{k=1}^{n} k\right)^2$.

(iii) $\dfrac{1}{1 \cdot 2} + \dfrac{1}{2 \cdot 3} + \ldots + \dfrac{1}{n(n+1)} = \sum_{k=1}^{n} \dfrac{1}{k(k+1)} = \dfrac{n}{n+1}$.

(iv) ⓛ $1 - \dfrac{1}{2} + \ldots + \dfrac{(-1)^{2n+1}}{2n} = \sum_{k=1}^{2n} \dfrac{(-1)^{k+1}}{k} = \sum_{k=1}^{n} \dfrac{1}{n+k} = \dfrac{1}{n+1} + \ldots + \dfrac{1}{2n}$.

(v) $\sum_{k=0}^{n} k \cdot k! = (n+1)! - 1$.

(vi) $n < 2^n \leq (n+1)!$. Dabei ist $n! := 1 \cdot 2 \cdot \ldots \cdot n$.

1.1.2 Ⓐ (i) Für welche $n \in \mathbb{N}$ gilt $n^2 < 2^n$? Man beweise die Behauptung durch vollständige Induktion.

(ii) Man zeige: Für alle $p \in \mathbb{N}$ gibt es ein $N \in \mathbb{N}$, so dass $n^p < 2^n$ für alle $n \in \mathbb{N}$, $n \geq N$.

1.1.3 Man zeige die folgenden Behauptungen:

(i) Sei $q \in \mathbb{N}$, $q \neq 1$. Für alle $n \in \mathbb{N}_0$ ist dann $\dfrac{q^{n+1}-1}{q-1} \in \mathbb{N}$ und es gilt

$$\sum_{k=0}^{n} q^k = \dfrac{q^{n+1} - 1}{q - 1}.$$

(ii) Sei $q \in \mathbb{N}_0$. Dann gilt für alle $n \in \mathbb{N}$ die Ungleichung

$$q^n \geq 1 + n(q-1).$$

(iii) Sei $q \in \mathbb{N}$, $q \neq 1$. Zu jedem $a \in \mathbb{N}$ gibt es dann ein $n \in \mathbb{N}$ mit

$$q^n \geq a.$$

1.1.4 ⓛ Man stelle $\sum\limits_{k=1}^{n} k^4$ durch einen rationalen Ausdruck in n dar.

1.1.5 Man suche den Fehler bei folgender Schlussweise:
Behauptung: Je endlich viele Zahlen $a_1, a_2, \ldots, a_n$ sind einander gleich.
Beweis durch vollständige Induktion: Induktionsanfang: $n = 1$. Es gilt $a_1 = a_1$, da
jede Zahl sich selbst gleich ist. Nun sei die Behauptung für je n Zahlen richtig.
Dann zeigen wir, dass sie auch für $n + 1$ Zahlen richtig ist. Nach Induktionvor-
aussetzung gilt nämlich $a_1 = a_2 = \ldots = a_n$ und $a_2 = \ldots = a_n = a_{n+1}$. Daraus folgt
$a_1 = a_2 = \ldots = a_{n+1}$, w. z. b. w.

1.2   Abzählbarkeit

1.2.1 Sei $f : \{1, \ldots, n\} \to \{1, \ldots, m\}$ eine bijektive Abbildung. Man zeige, dass
dann $n = m$ folgt.

1.2.2 Seien X und Y endliche Mengen. Man zeige, dass dann

(i)   ⓛ $|X| + |Y| = |X \cup Y| + |X \cap Y|$,

(ii) $|X \bigtriangleup Y| = |X| + |Y| - 2|X \cap Y|$

gelten. Dabei ist
$$X \bigtriangleup Y := (X \cup Y) \setminus (X \cap Y)$$

die symmetrische Differenz von X und Y.

1.2.3 Seien $X = \{x_1, \ldots, x_n\}$, $Y = \{y_1, \ldots, y_m\}$ zwei endliche Mengen, $n, m \in \mathbb{N}$. Sei $R \subset X \times Y$. Man zeige, dass

$$|R| = \sum_{i=1}^{n} |\{y \in Y \mid (x_i, y) \in R\}| = \sum_{j=1}^{m} |\{x \in X \mid (x, y_j) \in R\}|.$$

1.2.4 Sei X eine Menge mit n Elementen.

(i)   Ⓗ Man bestimme die Anzahl der Teilmengen von X.

(ii) Man zeige, dass die Anzahl der bijektiven Abbildungen $f : X \to X$ gleich $n! := 1 \cdot 2 \cdot \ldots \cdot n$ ist.

(iii) Ⓛ Für $0 \le k \le n$ ist die Anzahl der verschiedenen k-elementigen Teilmengen von X gleich

$$\binom{n}{k} := \frac{n!}{(n-k)!k!},$$

dabei setzen wir $0! := 1$.

(iv) Man zeige und interpretiere die Formel

$$2^n = \sum_{k=0}^{n} \binom{n}{k}.$$

1.2.5 Man zeige die folgenden Behauptungen:

(i) $\mathbb{Z}$ ist abzählbar unendlich.

(ii) Ist X eine abzählbar unendliche und Y eine endliche Menge, so sind auch $X \cup Y$ und $X \setminus Y$ abzählbar unendliche Mengen.

(iii) Die Vereinigung abzählbar vieler abzählbarer Mengen ist abzählbar.

1.2.6 Ⓛ Sei $q \in \mathbb{N}$, $q \ne 1$ und sei $a \in \mathbb{N}_0$. Man zeige: Es gibt ein $n \in \mathbb{N}_0$ und eindeutig bestimmte Zahlen $a_0, a_1, \ldots, a_n \in \mathbb{N}_0$ mit $0 \le a_k < q$ für alle $k = 0, 1, \ldots, n$, so dass

$$a = \sum_{k=0}^{n} a_k q^k.$$

1.2.7 Für eine Teilmenge $A \subset \mathbb{N}_0$ sei $\chi_A : \mathbb{N}_0 \to \{0, 1\}$,

$$\chi_A(x) = \begin{cases} 1 & \text{für } x \in A \\ 0 & \text{für } x \notin A, \end{cases}$$

die charakteristische Funktion. Man zeige: Die durch

$$f(A) := \sum_{k=0}^{\infty} \chi_A(k) 2^k$$

definierte Abbildung f bildet die Menge $\mathcal{A}$ aller endlichen Teilmengen von $\mathbb{N}_0$ bijektiv auf $\mathbb{N}_0$ ab.

1.3   Körper

1.3.1 Ⓗ Man zeige, dass durch

$$\frac{a}{b} + \frac{c}{d} := \frac{ad+cb}{bd}, \quad \frac{a}{b} \cdot \frac{c}{d} := \frac{ac}{bd}$$

auf $\mathbb{Q}$ Operationen $+$ und $\cdot$ eindeutig definiert werden, durch die $(\mathbb{Q}, +, \cdot)$ zu einem(kommutativen) Körper wird.

1.3.2 Man zerlege folgende Ausdrücke in Faktoren, von denen jeder linear ist:

(i)   Ⓛ $x^2 + 4x - 5$,

(ii) $x^2 - 5x + 6$,

(iii) Ⓛ $x^2 - 6xy + 8y^2$,

(iv) $8x^2 - 2xy - 15y^2$.

1.3.3 Für alle $a \in \mathbb{K}$ zeige man die Identität

$$(1-a)^2 \sum_{k=1}^{n} ka^{k-1} = 1 - (n+1)a^n + na^{n+1}.$$

1.3.4 Man beweise die Formel

$$\binom{n+1}{k+1} = \sum_{m=k}^{n} \binom{m}{k}.$$

1.3.5 Ⓗ Für $0 \le \ell \le k \le n$ zeige man

$$\binom{n}{k}\binom{k}{\ell} = \binom{n}{\ell}\binom{n-\ell}{k-\ell}.$$

1.3.6 Durch die Rekursionsformeln

$$\sum_{k=0}^{n} \binom{n+1}{k} B_k = 0, \quad B_0 = 1$$

werden die Bernoullischen Zahlen B_k definiert. Man berechne B_1 bis B_{10}.

1.3.7 Man beweise für nicht-negative ganze Zahlen n und p:

$$\sum_{k=1}^{n-1} k^p = \frac{1}{p+1} \sum_{\ell=0}^{p} \binom{p+1}{\ell} B_\ell n^{p+1-\ell}.$$

Hierbei sind B_ℓ die Bernoullischen Zahlen.

1.3.8 (L) Durch Vertauschen der Summationsreihenfolge berechne man einen Ausdruck in n für

$$\sum_{k=0}^{2n} \left(\sum_{\ell=0}^{n-|n-k|} \binom{2n-2\ell}{k-\ell} \right).$$

1.3.9 Man berechne einen Ausdruck in n für

(i) (H) $\displaystyle\sum_{k=0}^{2n} (-1)^k \binom{2n}{2k}$,

(ii) $\displaystyle\sum_{k=1}^{2n} (-1)^k \binom{2n}{2k-1}$.

1.4   Angeordnete Körper

1.4.1 (L) Seien $a, b, c \in \mathbb{K}$. Dann gilt

$$ax^2 + 2bxy + cy^2 \geq 0 \text{ für alle } x, y \in \mathbb{K}$$

genau dann, wenn $a, c \geq 0$ und $ac - b^2 \geq 0$.

1.4.2 Man beweise: Für $a, b, c \in \mathbb{K}$ gelten die Ungleichungen

(i) (L) $a^2 + b^2 + c^2 + ab + bc + ac \geq 0$,

(ii) $|a + b| + |b + c| + |c + a| \leq |a| + |b| + |c| + |a + b + c|$.

1.4.3 (H) Sei $a \in \mathbb{K}$. Man bestimme alle $x \in \mathbb{K}$, welche die Gleichung

$$|x + 3a| - |x - a| = 2a$$

erfüllen.

1.4.4 Sei $A \subset \mathbb{K}$ eine Teilmenge. Sei

$$-A := \{ -a \mid a \in A \},$$
$$\frac{1}{A} := \left\{ \frac{1}{a} \mid a \in A \right\} \text{ falls } 0 \notin A.$$

(i)   Man zeige: Existiert $\min A$, so existiert $\max(-A)$ und es gilt

$$\max(-A) = -\min A.$$

Gilt auch die Umkehrung?

Man beweise ähnliche Aussagen für

(ii) $\min(-A) = -\max A,$

(iii) $\max \frac{1}{A} = \frac{1}{\min A},$

(iv) $\min \frac{1}{A} = \frac{1}{\max A}.$

1.4.5 Man zeige die folgenden Behauptungen:

(i) Für jede natürliche Zahl $n \in \mathbb{N}$ und jedes $a \in \mathbb{K}$, $a \geq -1$ gilt

$$(1 + a)^n \geq 1 + na,$$

   wobei für $n > 1$ die Gleichheit genau dann gilt, wenn $a = 0$.

(ii) Für jede natürliche Zahl $n \in \mathbb{N}$ und jedes $a \in \mathbb{K}$, $a \geq -1$ gilt

$$(1 + a)^n \geq 1 + na + (n - 1)a^2.$$

1.4.6 Für $n \in \mathbb{N}$, $n > 1$, zeige man:

(i) $\left(1 - \dfrac{1}{n^2}\right)^n > 1 - \dfrac{1}{n}.$

(ii) $\left(1 + \dfrac{1}{n-1}\right)^{n-1} < \left(1 + \dfrac{1}{n}\right)^n.$

1.4.7 Für alle $n \in \mathbb{N}$ zeige man die Ungleichung

$$n! > \left(\frac{n}{2}\right)^{\frac{n}{2}}.$$

1.4.8 Für $a_1 \geq a_2 \geq \ldots \geq a_n \geq 0$, $b_1 \geq b_2 \geq \ldots \geq b_n \geq 0$ zeige man:

(i) $\displaystyle\sum_{k,\ell=1}^{n} (a_k - a_\ell)(b_k - b_\ell) \geq 0,$

(ii) Ⓐ $\displaystyle\left(\sum_{k=1}^{n} a_k\right) \cdot \left(\sum_{k=1}^{n} b_k\right) \leq n \sum_{k=1}^{n} a_k b_k.$

1.4.9 Es seien $a_1, \ldots, a_n$ Zahlen in einem angeordneten Körper mit $a_k > 0$ für alle k. Man zeige durch vollständige Induktion folgende Ungleichung

$$\left(\sum_{k=1}^{n} a_k\right)\left(\sum_{k=1}^{n} a_k^{-1}\right) \geq n^2.$$

1.4.10 (H) Es seien a, b, c positive Zahlen, deren Summe 1 ergibt. Man zeige, dass

$$\left(\frac{1}{a} - 1\right)\left(\frac{1}{b} - 1\right)\left(\frac{1}{c} - 1\right) \geq 8.$$

1.4.11 Für $a_1, \ldots, a_n \geq 0$, oder falls $-1 \leq a_1, \ldots, a_n \leq 0$ zeige man:

(i) $\displaystyle\prod_{k=1}^{n}(1 + a_k) \geq 1 + \sum_{k=1}^{n} a_k,$

(ii) $\displaystyle\prod_{k=1}^{n}(1 + a_k) \leq \frac{1}{\displaystyle\prod_{k=1}^{n}(1 - a_k)} \leq \frac{1}{1 - \displaystyle\sum_{k=1}^{n} a_k}$ falls $\displaystyle\sum_{k=1}^{n} a_k < 1.$

1.4.12 (H) Jeder angeordnete Körper $\mathbb{K}$ besitzt unendlich viele (verschiedene) Elemente.

1.5   Das Archimedische Axiom

1.5.1 (A) Man zeige: Zu jedem $\varepsilon > 0$ gibt es ein $N = N(\varepsilon) \in \mathbb{N}$ mit

$$\left(1 + \frac{1}{n^2}\right)^n \leq 1 + \varepsilon \text{ für alle } n \geq N.$$

Man gebe ein $N(\varepsilon)$ explizit an.

1.6   Folgen in einem angeordneten Körper

1.6.1 Die Folge $(a_n)_{n\in\mathbb{N}}$ sei definiert durch

$$a_n := 1 + q + \ldots + q^n,$$

wobei $q \in \mathbb{K}$, $0 < q < 1$. Man zeige, dass $(a_n)_{n\in\mathbb{N}}$ eine konvergente Folge ist und bestimme ihren Grenzwert.

1.6.2 Man untersuche die folgenden Folgen $(a_n)_{n\in\mathbb{N}}$ auf Konvergenz und bestimme die Grenzwerte $a \in \mathbb{K}$ (falls sie existieren). Welche divergenten Folgen besitzen konvergente Teilfolgen?

(i) $a_n := \dfrac{2n^2 + 3n - 8}{3n^2 + 2},$

(ii) $a_n := \dfrac{n}{2} - \displaystyle\sum_{k=1}^{n} \frac{k}{n + 2},$

(iii) $a_n := \dfrac{(-1)^n n^2 + 1}{n^2 + 3n + 2}$,

(iv) $a_n := \dfrac{n}{2^n}$,

(v) $a_n := \dfrac{n^p}{2^n}$, $p \in \mathbb{N}$,

(vi) Ⓗ $a_{n+1} := \dfrac{a_n^2 + 2}{3}$, $a_0 := 0$.

In (i) gebe man für $\varepsilon = \frac{1}{2}$ und $\varepsilon = \frac{1}{20}$ jeweils die kleinste natürliche Zahl $N = N(\varepsilon)$ an, so dass $|a_n - a| < \varepsilon$ für alle $n \geq N$ gilt.

1.6.3 Ⓛ Sei $(a_n)_{n \in \mathbb{N}}$ eine konvergente Folge und sei $a := \lim\limits_{n \to \infty} a_n$. Sei

$$A_n := \frac{1}{n} \sum_{k=1}^{n} a_k \text{ für } n \in \mathbb{N}.$$

(i) Man zeige, dass die Folge $(A_n)_{n \in \mathbb{N}}$ konvergent ist mit $\lim\limits_{n \to \infty} A_n = a$.

(ii) Man gebe eine divergente Folge $(a_n)_{n \in \mathbb{N}}$ an, für welche die zugehörige Folge $(A_n)_{n \in \mathbb{N}}$ konvergiert.

1.6.4 Ⓗ Sei $(a_n)_{n \in \mathbb{N}}$ eine Zahlenfolge und sei $A_n := \frac{1}{n} \sum\limits_{k=1}^{n} a_k$. Man zeige: Gilt $\lim\limits_{n \to \infty} (a_n + A_n) = 2a$, so konvergiert $(a_n)_{n \in \mathbb{N}}$ gegen a.

1.6.5 Sei $(a_n)_{n \in \mathbb{N}}$ eine Zahlenfolge. Sei $a_n^{(0)} := a_n$ und

$$a_n^{(k)} := \frac{1}{n} \sum_{\ell=1}^{n} a_\ell^{(k-1)} \text{ für } k \in \mathbb{N}.$$

Man zeige: Wenn $\left(a_n^{(k)}\right)_{n \in \mathbb{N}}$ konvergiert, so auch $\left(a_n^{(k+1)}\right)_{n \in \mathbb{N}}$. Die Umkehrung ist falsch für $k = 0$ und sogar für alle k.

1.6.6 Ⓛ Für $k, \ell \in \mathbb{N}$ sei $a_{k\ell} \in \mathbb{K}$, $a_{k\ell} \geq 0$. Für $\ell > k$ sei $a_{k\ell} = 0$. Für festes ℓ sei $(a_{k\ell})_{k \in \mathbb{N}}$ eine Nullfolge. Für festes k sei $\sum\limits_{\ell=1}^{k} a_{k\ell} \leq 1$. Man zeige: Ist $(b_\ell)_{\ell \in \mathbb{N}}$ eine Nullfolge, dann ist auch $(c_k)_{k \in \mathbb{N}}$,

$$c_k := \sum_{\ell=1}^{k} a_{k\ell} b_\ell,$$

eine Nullfolge.

1.6.7 Sei $\left(a_n^{(k)}\right)_{n\in\mathbb{N}}$ für alle $k \in \mathbb{N}$ eine Nullfolge. Ist $\left(a_n^{(n)}\right)_{n\in\mathbb{N}}$ stets eine Nullfolge? Gibt es ein Gegenbeispiel?

1.6.8 Sei M die Menge aller Folgen $(a_n)_{n\in\mathbb{N}}$, für die a_n entweder 0 oder 1 ist. Man zeige: M ist eine nicht-abzählbare Menge.

1.6.9 Sind $a_{k\ell}$, $k, \ell \in \mathbb{N}$, nicht-verschwindende reelle Zahlen, dann gibt es eine Folge $(b_k)_{k\in\mathbb{N}}$ positiver Zahlen, so dass für alle $\ell \in \mathbb{N}$ gilt:

$$\lim_{k\to\infty} \frac{b_k}{a_{k\ell}} = 0.$$

1.6.10 Für $p, n \in \mathbb{N}$ setze man

$$S_n^p := \sum_{k=1}^n k^p = 1^p + 2^p + \ldots + n^p.$$

(i)   Man zeige, dass für alle $a \in \mathbb{K}$:

$$(1+a)^{p+1} - a^{p+1} = \sum_{k=0}^p \binom{p+1}{k+1} a^{p-k}$$

$$= (p+1)a^p + \binom{p+1}{2}a^{p-1} + \ldots + 1.$$

(ii)   Ⓗ Man zeige die Identität

$$(n+1)^{p+1} - 1 = \sum_{k=0}^p \binom{p+1}{k+1} S_n^{p-k}$$

$$= (p+1)S_n^p + \binom{p+1}{2}S_n^{p-1} + \ldots + S_n^0.$$

(iii) Hieraus berechne man $S_n^0, S_n^1, S_n^2, S_n^3$.

(iv)   Man beweise die Limesrelation

$$\lim_{n\to\infty} \frac{S_n^p}{n^{p+1}} = \frac{1}{p+1}.$$

1.6.11 Ⓛ Sei $a \in \mathbb{K}$ gegeben. Man setze $a_0 := a$ und

$$a_{n+1} := \frac{2a_n + 1}{a_n + 2}$$

für $n \in \mathbb{N}_0$ und untersuche die folgenden Fragen:

(i)   Unter der Annahme $a_k \neq -2$ für $k = 0, 1, 2, \ldots, n-1$ leite man eine Formel für a_n her, in welcher nur der Startwert $a_0 = a$ vorkommt.

(ii)   Man gebe eine Bedingung an die Startwerte an, so dass die Folge wohldefiniert ist.

(iii) Konvergiert die Folge?

1.6.12 Ⓣ Man betrachte die rekursiv definierte Folge

$$a_n := \frac{a_{n-2}a_{n-1}}{2a_{n-2} - a_{n-1}} \text{ für } n \geq 2$$

zu gegebenen Startwerten a_0 und a_1 und untersuche die folgenden Fragen:

(i)   Unter der Annahme $2a_{k-2} - a_{k-1} \neq 0$ für $k = 2, \ldots, n$ leite man eine Formel für a_n her, in der nur die Startwerte vorkommen.

(ii)   Man gebe eine Bedingung an die Startwerte an, so dass die Folge wohldefiniert ist.

(iii) Konvergiert die Folge?

1.6.13 Ⓛ Einem Krug, der 1 Liter eines Gemisches aus Wasser und Wein enthält, werden p Liter ($0 < p < 1$) entnommen und durch reines Wasser ersetzt. Von dieser neuen Mischung werden p Liter aus dem Krug gegossen und durch reinen Wein ersetzt. Dieses (Doppel-) Verfahren wird fortgesetzt. Man zeige, dass das Mischungsverhältnis von Wein zu Wasser konvergiert und bestimme seinen Grenzwert.

1.7 Vollständigkeit

1.7.1 Indem man die Definition einer Cauchy-Folge nachprüft, untersuche man, welche Folgen Cauchy-Folgen und welche keine sind:

(i) $\left(\dfrac{n}{n-1}\right)_{n\in\mathbb{N}}$,

(ii) Ⓛ $\left(\sqrt{n}\right)_{n\in\mathbb{N}}$.

Dabei nehme man an, dass $\sqrt{n}$ für alle $n \in \mathbb{N}$ existiert.

1.7.2 Man zeige, dass es keine rationale Zahl gibt mit $x^2 = 10$ bzw. $x^2 = 15$.

1.7.3 Durch vollständige Induktion über n zeige man:

(i) Es gibt eine Folge $(x_n)_{n\in\mathbb{N}_0}$ der Form

$$x_n = \sum_{k=0}^{n} \frac{d_k}{10^k}$$

mit $d_k \in \{0, 1, \ldots, 9\}$, so dass

$$x_n^2 \leq 2 < \left(x_n + \frac{1}{10^n}\right)^2.$$

(ii) Für alle $n \geq N$ gilt

$$x_N \leq x_n < x_n + \frac{1}{10^n} < x_N + \frac{1}{10^N}.$$

2 Das System der reellen Zahlen

2.1 Axiomatische Einführung der reellen Zahlen

2.1.1 (L) Sei a eine irrationale Zahl. Dann gibt es zu jeder natürlichen Zahl $n \in \mathbb{N}$ eine ganze Zahl $m \in \mathbb{Z}$, so dass die Ungleichung

$$\left| a - \frac{m}{n} \right| < \frac{1}{2n}$$

besteht. Für welche reellen Zahlen a gilt diese Behauptung?

2.1.2 Für die reelle Zahl $a \in \mathbb{R}$ und die natürliche Zahl $N \in \mathbb{N}$ bestehe die Ungleichung $0 < a < \frac{1}{N}$. Dann gibt es eine natürliche Zahl $n \in \mathbb{N}$, $n \geq N$, so dass

$$\left| a - \frac{1}{n} \right| < \frac{1}{n^2}$$

gilt.

2.1.3 Es seien $a_1, a_2, \ldots, a_n$ ($n \geq 2$) reelle Zahlen aus dem Intervall $[a, b]$, $a < b$.

(i) Man zeige: Es gibt zwei ganze Zahlen $k, \ell \in \{1, 2, \ldots, n\}$ mit $k \neq \ell$ und

$$|a_k - a_\ell| \leq \lambda(n) := \frac{b - a}{n - 1}.$$

(ii) Man zeige, dass die Aussage von Teil (i) falsch wird, wenn $\lambda(n)$ durch eine positive Zahl $\lambda'(n) < \lambda(n)$ ersetzt wird.

2.1.4 (H) Es sei a irrational, $a > 0$. Man zeige, dass es zu jedem $N \in \mathbb{N}$ eine rationale Zahl $\frac{m}{n}$ mit $1 \leq n \leq N$ gibt, so dass

$$\left| a - \frac{m}{n} \right| < \frac{1}{n(N + 1)}.$$

2.1.5 Es seien $a_1, \ldots, a_n$ reelle Zahlen und $[a, b]$, $a < b$, ein vorgegebenes Intervall. Dann gibt es ein $\xi \in [a, b]$ mit

$$|\xi - a_k| \geq \frac{b - a}{2(n + 1)} \quad \text{für } k = 1, \ldots, n.$$

2.1.6 Sei a irrational. Dann gibt es eine Folge von rationalen Zahlen $\left(\frac{p_k}{q_k}\right)_{k \in \mathbb{N}}$ mit $q_k \to +\infty$ für $k \to \infty$ und

$$\left| a - \frac{p_k}{q_k} \right| < \frac{1}{q_k^2} \text{ für alle } k \in \mathbb{N}.$$

2.1.7 Ⓛ Man zeige: Die Menge der dyadischen Zahlen der Form $\frac{\ell}{2^k}$, $\ell \in \mathbb{Z}$, $k \in \mathbb{N}$, liegt dicht in $\mathbb{R}$.

2.2   Dezimalbruchentwicklung

2.2.1 Sei $q \in \mathbb{N}$, $q \neq 1$. Sei ferner $(a_n)_{k \in \mathbb{N}}$ eine Folge in $\mathbb{N}_0$ mit $0 \leq a_k < q$ für alle $k \in \mathbb{N}$. Man zeige, dass die Folge $(s_n)_{n \in \mathbb{N}}$,

$$s_n := \sum_{k=1}^{n} a_k q^{-k}$$

gegen eine reelle Zahl konvergiert.

2.2.2 Wie lauten die Dualbruchentwicklungen von $\frac{7}{64}$ und $\frac{1}{5}$?

2.2.3 Ⓗ Eine reelle Zahl $a = d_0, d_1 d_2 \ldots$ mit $d_0 \in \mathbb{Z}$ und $d_k \in \{0, 1, \ldots, 9\}$ für $k \in \mathbb{N}$ hat eine periodische Dezimalbruchentwicklung, falls es zwei Zahlen $\ell, p \in \mathbb{N}$ gibt, so dass $d_{k+p} = d_k$ für alle $k \in \mathbb{N}$, $k > \ell$ ist (falls $a = d_0, d_1 \ldots d_\ell d_{\ell+1} \ldots d_{\ell+p}$ $d_{\ell+1} \ldots d_{\ell+p} d_{\ell+1} \ldots$). Man schreibt dann auch

$$a = d_0, d_1 \ldots d_\ell \overline{d_{\ell+1} \ldots d_{\ell+p}}.$$

Zu zeigen ist: Eine reelle Zahl besitzt genau dann eine periodische (oder endliche) Dezimalbruchentwicklung, wenn sie rational ist.

2.3   Die allgemeine Potenz einer reellen Zahl

2.3.1 Ⓣ Sind a, b, c rationale Zahlen, die der Gleichung

$$a\sqrt{2} + b\sqrt{3} + c\sqrt{5} = 0$$

genügen, so gilt $a = b = c = 0$.

2.3.2 Ⓛ Eine Zahl h, $0 < h < 1$, teilt das Einheitsintervall $[0, 1]$ gemäß dem goldenen Schnitt, wenn

$$\frac{1}{h} = \frac{h}{1 - h}$$

gilt.

(i)   Man zeige: Es gibt genau eine reelle Zahl h, $0 < h < 1$, mit dieser Eigenschaft. Man bestimme h.

(ii) Das Verhältnis $g = \frac{h}{1-h}$ heißt goldener Schnitt. Man bestimme g und zeige, dass g irrational ist.

(iii) Man konstruiere h mit Zirkel und Lineal.

2.3.3 Ⓗ Sei $(f_n)_{n=0}^{\infty}$ die durch die Rekursion

$$f_{n+1} := f_n + f_{n-1} \text{ für } n \in \mathbb{N},$$
$$f_0 := 0, \ f_1 := 1$$

definierte Folge der Fibonacci-Zahlen und sei g der goldene Schnitt. Man zeige:

$$\frac{f_{n+1}}{f_n} \to g \text{ für } n \to \infty,$$

d. h. die rationale Zahlenfolge $\left(\frac{f_{n+1}}{f_n}\right)_{n=0}^{\infty}$ approximiert die irrationale Zahl g.

2.3.4 Es sei $(f_n)_{n=0}^{\infty}$ die Folge der Fibonacci-Zahlen. Man zeige durch vollständige Induktion für alle $n \in \mathbb{N}$:

$$f_n = \frac{1}{\sqrt{5}}\left(\left(\frac{1+\sqrt{5}}{2}\right)^n - \left(\frac{1-\sqrt{5}}{2}\right)^n\right).$$

2.3.5 Sei $a \in \mathbb{R}$, $a > 0$. Man untersuche, ob die Folge $\left(\sqrt[n]{a}\right)_{n \in \mathbb{N}}$ monoton ist. Dann vergleiche man $\lim_{n \to \infty} \sqrt[n]{a}$ und $\lim_{n \to \infty} \sqrt[2n]{a}$. So zeige man: $\lim_{n \to \infty} \sqrt[n]{a} = 1$.

2.3.6 Sei $(a_n)_{n \in \mathbb{N}}$ eine Folge positiver reeller Zahlen mit $a_n \to a > 0$ für $n \to \infty$. Man zeige, dass dann

$$\sqrt[n]{a_n} \to 1 \text{ für } n \to \infty.$$

2.3.7 Es seien $(a_n)_{n \in \mathbb{N}}$, $(b_n)_{n \in \mathbb{N}}$ zwei Folgen nicht-negativer reeller Zahlen. Sei

$$A_n := \frac{a_n + b_n}{2}, \quad G_n := \sqrt{a_n b_n} \text{ für } n \in \mathbb{N}.$$

Man zeige: Ist $(A_n)_{n \in \mathbb{N}}$ eine Nullfolge, so auch $(G_n)_{n \in \mathbb{N}}$. Gilt auch die Umkehrung?

2.3.8 Man zeige durch vollständige Induktion über m: Ist $n = 2^m$, $m \in \mathbb{N}$, und sind $a_1, \ldots, a_n \geq 0$, so gilt die Ungleichung

$$G_n := \sqrt[n]{\prod_{k=1}^{n} a_k} \leq A_n := \frac{1}{n} \sum_{k=1}^{n} a_k.$$

2.3.9 (L) Für alle $n \in \mathbb{N}$ zeige man die Ungleichung

$$\sqrt[n]{n} < 1 + \sqrt{\frac{2}{n}}.$$

2.3.10 (L) Sei $a \in \mathbb{R}$, $a > 0$, und sei $\mu \in \mathbb{R}$. Man zeige:

$$\lim_{n \to \infty} \frac{n^{\mu}}{(1+a)^n} = 0.$$

2.3.11 (H) Für alle $a_1, \ldots, a_n \in \mathbb{R}$ und $\mu, \nu \in \mathbb{R}$ mit $0 < \mu < \nu$ zeige man die Ungleichung

$$\left(\sum_{k=1}^{n} |a_k|^{\nu} \right)^{\frac{1}{\nu}} \leq \left(\sum_{k=1}^{n} |a_k|^{\mu} \right)^{\frac{1}{\mu}}.$$

2.4   Weitere Vollständigkeitsprinzipien

2.4.1 Man zeige:

(i) Der Grenzwert $\lim_{n \to \infty} \left(1 + \frac{x}{n} \right)^n$ existiert für alle $x \in \mathbb{R}$.

(ii) Für alle $x \in \mathbb{Q}$ gilt die Grenzwertbeziehung

$$\lim_{n \to \infty} \left(1 + \frac{x}{n} \right)^n = e^x.$$

2.4.2 Man untersuche die Folge $(a_n)_{n \in \mathbb{N}}$,

$$a_n := \left(1 - \frac{1}{n^2} \right)^n,$$

auf Konvergenz und berechne gegebenenfalls ihren Grenzwert.

2.4.3 Untersuche die Folge

$$a_n := \sqrt{n+1} - \sqrt{n}$$

auf ihr Konvergenzverhalten und bestimme ggf. ihren Grenzwert. Falls $(a_n)_{n \in \mathbb{N}}$ gegen a konvergiert, so bestimme man ein $N \in \mathbb{N}$, so dass

$$|a_n - a| < 10^{-6} \text{ für alle } n \geq N.$$

2.4.4 Sei $a > 0$ und sei $x_0 \in \mathbb{R}^+$ beliebig. Man betrachte die durch

$$x_{n+1} := \frac{1}{2}\left(x_n + \frac{a}{x_n}\right)$$

für $n \in \mathbb{N}$ rekursiv definierte Folge $(x_n)_{n \in \mathbb{N}}$.

(i) (L) Man zeige für alle $n \in \mathbb{N}$, dass

$$x_n > 0, \quad x_n^2 \geq a, \quad x_n \geq x_{n+1}$$

und folgere hieraus, dass $\lim_{n \to \infty} x_n = \sqrt{a}$ ist.

(ii) Sei $\varepsilon_n := x_n - \sqrt{a}$ der Fehler der Approximation. Man zeige für alle $n \in \mathbb{N}$ die Ungleichung

$$\varepsilon_{n+1} < \frac{\varepsilon_n^2}{2\sqrt{a}}$$

und folgere hieraus die Fehlerabschätzung

$$\varepsilon_{n+1} < 2\sqrt{a}\left(\frac{\varepsilon_1}{2\sqrt{a}}\right)^{2^n}.$$

(iii) Für $a = 2, 3$ und $x_1 = 2$ schätze man die Fehler $\varepsilon_2, \ldots, \varepsilon_6$ ab.

2.4.5 Sei $p \in \mathbb{N}$, und sei $a \in \mathbb{R}$, $a \geq 0$. Sei durch

$$x_{n+1} := \left(1 - \frac{1}{p}\right)x_n + \frac{a}{px_n^{p-1}} \quad \text{für } n \in \mathbb{N}$$

eine Folge $(x_n)_{n \in \mathbb{N}}$ rekursiv definiert mit $x_1 := 1 + a$. Man zeige, dass $(x_n)_{n \in \mathbb{N}}$ gegen eine Zahl $x \geq 0$ mit $x^p = a$ konvergiert.

2.4.6 (L) Es sei $a \geq -1$ gegeben. Man setze $a_0 := a$ und

$$a_{n+1} := \frac{2a_n + 1}{a_n + 2}$$

für $n \in \mathbb{N}$. Man untersuche, ob die Folge $(a_n)_{n \in \mathbb{N}}$ wohldefiniert, beschränkt, monoton und konvergent ist und bestimme ggf. den Grenzwert.

2.4.7 Sei $(c_n)_{n\in\mathbb{N}}$ definiert durch

$$c_n := -\frac{3^n + 1}{3^n - 1} \text{ für } n \in \mathbb{N}.$$

(i)   Man zeige, dass $c_n \uparrow -1$ für $n \to \infty$.

Sei $(a_n)_{n\in\mathbb{N}}$ die Folge aus Aufgabe 2.4.6. Man zeige:

(ii)   Gilt $c_k < a_n < c_{k+1}$ für $k \in \mathbb{N}$, $k \geq 2$, $n \in \mathbb{N}_0$, so gilt $c_{k-1} < a_{n+1} < c_k$.

(iii) Für $-2 = c_1 < a_n < c_2 = -\frac{5}{4}$, $n \in \mathbb{N}_0$, gilt $a_{n+1} < -2$.

(iv) Für $a_n < -2$ folgt, dass $a_{n+1} > 1$.

(v)   Gilt $a < -1$, $a \neq c_k$ für alle $k \in \mathbb{N}$, so gilt $a_n \to 1$ für $n \to \infty$.

2.4.8 Ⓗ Sei die Folge $(a_n)_{n\in\mathbb{N}}$ rekursiv definiert durch

$$a_{n+1} := 1 + \frac{1}{a_n} \text{ für } n \in \mathbb{N}$$

mit Startwert $a_1 = 1$. Man zeige: Die Teilfolge $(a_{2k-1})_{k\in\mathbb{N}}$ ist monoton wachsend, die Teilfolge $(a_{2k})_{k\in\mathbb{N}}$ fällt monoton. Beide Teilfolgen konvergieren gegen denselben Grenzwert, welcher die positive Wurzel der Gleichung $x^2 - x - 1 = 0$ ist.

2.4.9 Man bestimme $\sup\left\{ \frac{2m}{m+n} \mid m, n \in \mathbb{N} \right\}$. Gibt es ein Maximum?

2.4.10 Für $n, m \in \mathbb{N}$ sei

$$I_n := \left[-1 + \frac{1}{n}, 1 - \frac{1}{n} \right] = \left\{ x \in \mathbb{R} \mid -1 + \frac{1}{n} \leq x \leq 1 - \frac{1}{n} \right\},$$

$$J_m := \bigcup_{n=1}^{m} I_n, \quad J := \bigcup_{n=1}^{\infty} I_n.$$

Man bestimme $\sup J_m$ für alle $m \in \mathbb{N}$ und $\sup J$.

2.4.11 Für $a, b, c, d \in \mathbb{R}$ bestimme man, wenn möglich, Supremum und Infimum der Menge

$$A = \left\{ x \in \mathbb{R} \mid a \leq x(x + c) + d \leq b \right\}.$$

2.4.12 Ⓗ Sei $I := \left\{ x \in \mathbb{R} \mid -1 \leq x \leq 1 \right\}$ und sei $f : I \to \mathbb{R}$, $y = f(x)$ mit $f(-1) = -1$ und $f(1) = 1$. Falls $x, x' \in I$ und $x < x'$ ist, dann sei $f(x) < f(x')$. Man zeige: Es gibt genau ein $x_0 \in I$, so dass $f(x) < 0$ für $x < x_0$ und $f(x) > 0$ für $x > x_0$.

2.4.13 (L) Ein Dedekindscher Schnitt ist ein geordnetes Paar (A, B) von nicht-leeren Teilmengen A, B von $\mathbb{R}$ mit $A \cup B = \mathbb{R}$, für das gilt

$$a < b \text{ für alle } a \in A, \, b \in B.$$

Man zeige: Jeder Dedekindsche Schnitt (A, B) besitzt genau eine Trennungszahl $t \in \mathbb{R}$, d. h. eine Zahl t mit

$$a \leq t \leq b \text{ für alle } a \in A, \, b \in B.$$

2.4.14 Man folgere aus dem Axiom vom Dedekindschen Schnitt:

(i) Sei $a \in \mathbb{R}$, $a \geq 0$. Dann gibt es genau eine reelle Zahl $x = \sqrt{a} \geq 0$ mit $x^2 = a$.

(ii) Für zwei reelle Zahlen a, b mit $0 \leq a \leq b$ gilt $\sqrt{a} < \sqrt{b}$.

2.5 Häufungswerte

2.5.1 Man betrachte die Folgen $(a_n)_{n \in \mathbb{N}}$ definiert durch

(i) $a_n := (-1)^{n+1} \left(1 + \dfrac{1}{n}\right)$ für $n \in \mathbb{N}$.

(ii) (L) $a_{2k} := 2 - \dfrac{1}{2^{2k}}$, $a_{2k-1} := 0$ für $k \in \mathbb{N}$.

(iii) $a_{2k} := (-1)^k \dfrac{k+1}{k}$, $a_{2k-1} := \left(\frac{1}{k^2} - 1\right)^3$ für $k \in \mathbb{N}$.

(iv) $a_{2k} := \left(-\dfrac{1}{2}\right)^k + \left(-\dfrac{1}{3}\right)^{k+1}$, $a_{2k-1} := (-1)^k \frac{1}{1 + \frac{1}{k!}}$ für $k \in \mathbb{N}$.

(v) $a_n := \dfrac{n}{m} - \left[\dfrac{n}{m}\right]$ für $n \in \mathbb{N}$, dabei ist $m \in \mathbb{N}$ und $\left[\frac{n}{m}\right]$ die größte ganze Zahl $\leq \frac{n}{m}$.

Man zeige:

(i) $(a_n)_{n \in \mathbb{N}}$ ist beschränkt.

(ii) Bestimme $\inf \{ a_n \mid n \in \mathbb{N} \}$ und $\sup \{ a_n \mid n \in \mathbb{N} \}$.

(iii) Man bestimme die Menge H der Häufungswerte sowie den $\liminf\limits_{n \to \infty} a_n$ und $\limsup\limits_{n \to \infty} a_n$ für die Folgen $(a_n)_{n \in \mathbb{N}}$.

(iv) Für $a \notin H$ bestimme man $d = d(a) > 0$ und $N = N(a)$, so dass

$$|a_n - a| \geq d \text{ für } n \geq N.$$

2.5.2 ⓛ Man betrachte die Folge $(a_n)_{n \in \mathbb{N}}$ mit

$$a_n := \frac{n - \frac{(k-1)k}{2}}{k+1}, \text{ wobei } k = k(n) \in \mathbb{N} \text{ mit } \frac{(k-1)k}{2} < n \leq \frac{k(k+1)}{2}.$$

Man zeige: Die Menge der Häufungswerte von $(a_n)_{n \in \mathbb{N}}$ ist das Intervall $[0,1]$.

2.6   Das erweiterte reelle Zahlensystem

2.6.1 ⓗ Man beweise: Für jede Folge $(a_n)_{n \in \mathbb{N}}$ von reellen Zahlen gilt:

$$\liminf_{n \to \infty} a_n \leq \liminf_{n \to \infty} A_n \leq \limsup_{n \to \infty} A_n \leq \limsup_{n \to \infty} a_n.$$

Dabei ist $A_n := \dfrac{1}{n} \sum_{k=1}^{n} a_k$.

3 Unendliche Reihen

3.1 Unendliche Reihen

3.1.1 Man berechne den Wert der folgenden Reihen:

(i) Ⓛ $\displaystyle\sum_{k=1}^{\infty} \frac{1}{4k^2 - 1}$,

(ii) $\displaystyle\sum_{k=1}^{\infty} \frac{1}{(k+1)(k+2)}$,

(iii) $\displaystyle\sum_{k=1}^{\infty} \frac{1}{(3k-2)(3k+1)}$,

(iv) $\displaystyle\sum_{k=1}^{\infty} \frac{1}{k(k+1)(k+2)}$,

(v) $\displaystyle\sum_{k=0}^{\infty} \frac{(-1)^k}{2^k}$,

(vi) $\displaystyle\sum_{k=1}^{\infty} (-1)^{k+1} \left(\frac{1}{3}\right)^k$.

3.1.2 Für alle $a \in \mathbb{R} \setminus \{0, -1, -2, \dots\}$ zeige man:

(i) $\displaystyle\sum_{k=0}^{\infty} \frac{1}{(a+k)(a+k+1)} = \frac{1}{a}$,

(ii) $\displaystyle\sum_{k=0}^{\infty} \frac{1}{(a+k)(a+k+1)(a+k+2)} = \frac{1}{2a(a+1)}$,

(iii) $\displaystyle\sum_{k=0}^{\infty} \frac{k!}{(n+k+1)!} = \frac{1}{n \cdot n!}$ für alle $n \in \mathbb{N}$.

3.1.3 Für alle $n \in \mathbb{N}$ sei

$$a_n := \sum_{k=n}^{2n-1} \frac{1}{k}.$$

(i)   Man zeige: Dann ist $a_{n+1} < a_n$ und $\frac{1}{2} < a_n < 1$ für alle $n \geq 2$.

(ii) Hieraus folgere man, dass

$$\sum_{k=1}^{\infty} \frac{1}{k} = +\infty.$$

(iii) Man gebe ein $N \in \mathbb{N}$ an, so dass $\sum\limits_{k=1}^{N} \frac{1}{k} \geq 10^3$ ist.

3.1.4 Man untersuche die folgenden Reihen auf Konvergenz, indem man zeigt, dass die Partialsummen Cauchy-Folgen bilden. Hierzu fasse man die Glieder paarweise zusammen.

(i) $\sum\limits_{k=1}^{\infty} \dfrac{(-1)^k}{k}$,

(ii) $\sum\limits_{k=1}^{\infty} \dfrac{(-1)^{k+1}}{2k+1}$,

(iii) $\sum\limits_{k=1}^{\infty} \dfrac{(-1)^{k+1}}{k^2}$.

3.1.5 Man zeige: $\sum\limits_{k=1}^{\infty} \frac{1}{k^\mu}$ konvergiert für alle $\mu > 1$, indem man die Abschnitte $\sum\limits_{k=2^n+1}^{2^{n+1}} \frac{1}{k^\mu}$ betrachtet.

3.1.6 Für alle $a_k \in \mathbb{R}$, $k \in \mathbb{N}$ und $\mu, \nu \in \mathbb{R}$ mit $0 < \mu < \nu$ zeige man die Ungleichung

$$\left(\sum_{k=1}^{\infty} |a_k|^\nu \right)^{\frac{1}{\nu}} \leq \left(\sum_{k=1}^{\infty} |a_k|^\mu \right)^{\frac{1}{\mu}}.$$

3.1.7 Sei $(a_k)_{k \in \mathbb{N}}$ eine Folge nicht-negativer reeller Zahlen, so dass die Reihe $\sum\limits_{k=1}^{\infty} a_k$ konvergiert. Man zeige, dass dann die Reihe

$$\sum_{k=1}^{\infty} \frac{\sqrt{a_k}}{k}$$

konvergiert.

3.2   Vergleichskriterien

3.2.1 Man untersuche die folgenden Reihen auf Konvergenz:

(i)   Ⓛ $\displaystyle\sum_{k=1}^{\infty}\left(\sqrt{k+1}-\sqrt{k}\right)$,

(ii) $\displaystyle\sum_{k=1}^{\infty}\frac{\sqrt{k+1}-\sqrt{k}}{\sqrt{k+1}}$,

(iii) $\displaystyle\sum_{k=1}^{\infty}\frac{k+1}{2k+1}$,

(iv) $\displaystyle\sum_{k=1}^{\infty}\frac{2k^2-1}{k^2-3k+4}$,

(v) $\displaystyle\sum_{k=1}^{\infty}\frac{k^2+1}{(k+1)(k+2)(k+3)}$,

(vi) $\displaystyle\sum_{k=1}^{\infty}\frac{1}{\sqrt{k^2+2k}}$,

(vii) $\displaystyle\sum_{k=1}^{\infty}\sqrt{\frac{k}{k^4+1}}$,

(viii) Ⓛ $\displaystyle\sum_{k=1}^{\infty}\frac{1}{k}\left(e-\left(1+\frac{1}{k}\right)^k\right)$.

3.2.2 Man zeige die Konvergenz der Reihe $\displaystyle\sum_{k=1}^{\infty}\frac{1}{k^\mu}$ für $\mu \in \mathbb{R}$, $\mu \geq 2$, mit Hilfe des Majorantenkriteriums.

3.2.3 Sei $(a_n)_{n\in\mathbb{N}}$ eine Cauchy-Folge. Dann gibt es eine Teilfolge $(a_{n_k})_{k\in\mathbb{N}}$ mit

$$|a_{n_k} - a_{n_{k+1}}| < \frac{1}{10^k}$$

für alle $k \in \mathbb{N}$. Sei $b_k := a_{n_k}$. Dann konvergiert die Reihe $\displaystyle\sum_{k=1}^{\infty}(b_{k+1}-b_k)$ und es gilt

$$\lim_{n\to\infty} a_n = b_1 + \sum_{k=1}^{\infty}(b_{k+1}-b_k).$$

3.2.4 (i) ⓛ Eine Zahlenfolge $(a_n)_{n \in \mathbb{N}}$ ist konvergent, wenn $\left(n^2(a_{n+1} - a_n)\right)_{n \in \mathbb{N}}$ eine Nullfolge ist.

(ii) Man konstruiere eine divergente, beschränkte Zahlenfolge $(a_n)_{n \in \mathbb{N}}$, für die $\left(\sqrt[3]{n}(a_{n+1} - a_n)\right)_{n \in \mathbb{N}}$ eine Nullfolge ist.

3.2.5 Seien $\sum\limits_{k=1}^{\infty} a_k$ und $\sum\limits_{k=1}^{\infty} b_k$ Reihen mit $a_k, b_k > 0$ für alle $k \in \mathbb{N}$. Weiter gebe es Zahlen $c, d > 0$ mit $c \le \frac{a_k}{b_k} \le d$ für alle $k \in \mathbb{N}$. Man zeige: Dann sind die Reihen $\sum\limits_{k=1}^{\infty} a_k$ und $\sum\limits_{k=1}^{\infty} b_k$ entweder beide konvergent oder beide divergent.

3.2.6 Man untersuche die folgenden Reihen auf Konvergenz:

(i) $\sum\limits_{k=1}^{\infty} \dfrac{2k-1}{(\sqrt{2})^k}$,

(ii) $\sum\limits_{k=1}^{\infty} \dfrac{k^2}{2^k}$,

(iii) $\sum\limits_{k=1}^{\infty} \dfrac{2^k}{k!}$,

(iv) $\sum\limits_{k=1}^{\infty} a_k$ mit $a_1 := 1$, $a_{k+1} := \left(\dfrac{3}{4} + \dfrac{(-1)^k}{2}\right) a_k$,

(v)   ⓛ $\sum\limits_{k=1}^{\infty} \dfrac{2^k \cdot k!}{k^k}$,

(vi) $\sum\limits_{k=1}^{\infty} \left(\dfrac{k+1}{2k+1}\right)^k$,

(vii) $\sum\limits_{k=1}^{\infty} \left(\dfrac{k}{3k-1}\right)^{2k-1}$.

3.2.7 (i) ⓗ Man zeige, dass

$$\left| e - \sum_{k=0}^{n} \frac{1}{k!} \right| < \frac{1}{n!n},$$

(ii) Man berechne mit Hilfe dieser Abschätzung die Dezimalbruchentwicklung von e bis (einschließlich) der 4. Stelle nach dem Komma.

3.2.8 (H) Man untersuche die folgende Reihe auf Konvergenz:

$$\sum_{k=1}^{\infty} \binom{2k}{k} \frac{1}{4^k}.$$

3.2.9 Sei $(a_k)_{k \in \mathbb{N}}$ eine Folge reeller Zahlen, welche einer Abschätzung der Form

$$|a_k| \le \frac{c}{k} \text{ für alle } k \in \mathbb{N}$$

mit einer Konstanten $c > 0$ genügt. Man betrachte die unendliche Reihe $\sum_{k=1}^{\infty} a_k =$ $(s_n)_{n \in \mathbb{N}}$,

$$s_n := \sum_{k=1}^{n} a_k \text{ für alle } k \in \mathbb{N}$$

und die Folge $(S_n)_{n \in \mathbb{N}}$ der arithmetischen Mittel der Partialsummen

$$S_n := \frac{1}{n}(s_1 + s_2 + \ldots + s_n).$$

Man zeige: Wenn die Folge $(S_n)_{n \in \mathbb{N}}$ konvergiert, dann konvergiert auch die unendliche Reihe $\sum_{k=1}^{\infty} a_k$ und es gilt die Gleichheit der Grenzwerte:

$$\sum_{k=1}^{\infty} a_k = \lim_{n \to \infty} s_n = \lim_{n \to \infty} S_n.$$

3.3   Potenzreihen

3.3.1 Man berechne den Konvergenzradius R der folgenden Potenzreihen:

(i) $\sum_{k=1}^{\infty} k x^{k-1}$,

(ii)   (L) $\sum_{k=0}^{\infty} \frac{x^k}{\sqrt{k+2}}$,

(iii) $\sum_{k=1}^{\infty} \sqrt{k} x^k$,

(iv) $\sum_{k=1}^{\infty} (-1)^k \frac{x^{2k}}{(2k)!}$,

(v)   (L) $\displaystyle\sum_{k=1}^{\infty} \frac{2^k}{k} x^{3k}$,

(vi) $\displaystyle\sum_{k=0}^{\infty} \frac{2^k}{k!} x^k$,

(vii) $\displaystyle\sum_{k=0}^{\infty} a_k x^k$, $a_{2\ell-1} = 0$, $a_{2\ell} = 2^\ell$ für $\ell \in \mathbb{N}$,

(viii) $\displaystyle\sum_{k=1}^{\infty} x^{k!}$,

(ix)   (L) $\displaystyle\sum_{k=0}^{\infty} k^2 x^k$,

(x)   (L) $\displaystyle\sum_{k=0}^{\infty} \binom{2k}{k} x^k$.

Die Reihe (ix) untersuche man auch auf Konvergenz für $|x| = R$.

3.3.2 (L) Für welche $x \neq 0$ konvergiert die Reihe

$$\sum_{k=1}^{\infty} \frac{k}{x^k} ?$$

3.3.3 (L) Es sei $(f_n)_{n=0}^{\infty}$ die Folge der Fibonacci-Zahlen. Man betrachte die Potenzreihe

$$P(x) := \sum_{k=0}^{\infty} f_{k+1} x^k$$

und zeige:

(i) P hat den Konvergenzradius $\frac{1}{g}$, dabei ist g der goldene Schnitt.

(ii) Für $|x| < \frac{1}{g}$ gilt

$$P(x) = \frac{1}{1 - x - x^2}.$$

3.3.4 Es gibt eine Potenzreihe $\displaystyle\sum_{k=1}^{\infty} a_k x^k$, welche auf dem Rand des Konvergenzintervalls divergiert mit $\displaystyle\lim_{k\to\infty} a_k = 0$.

3.3.5 Sei $(a_k)_{k=0}^{\infty}$ eine reelle Zahlenfolge. Sei

$$a_k^{(n)} := \prod_{\ell=0}^{n-1}(k-\ell)a_k \text{ für alle } n \in \mathbb{N} \text{ und alle } k \geq n.$$

Man zeige: Der Konvergenzradius der Reihe $\sum_{k=0}^{\infty} a_k x^k$ stimmt mit den Konvergenzradien der Reihen $\sum_{k=n}^{\infty} a_k^{(n)} x^{k-n}$ für alle $n \in \mathbb{N}$ überein.

3.3.6 Sei $P(x) = \sum_{k=1}^{\infty} a_k x^k$ eine Potenzreihe mit positivem Konvergenzradius. Außerdem sei $a_1 \neq 0$. Dann gibt es eine Potenzreihe $Q(x) = \sum_{k=1}^{\infty} b_k x^k$ mit positivem Konvergenzradius, so dass

$$(P \circ Q)(x) = (Q \circ P)(x) = x$$

in einer Umgebung des Nullpunktes gilt. Dabei ist $\circ$ die Verknüpfung von Funktionen.

3.4   Partielle Summation

3.4.1 Sei $(a_k)_{k \in \mathbb{N}}$ eine Folge nicht-negativer reeller Zahlen, so dass die Reihe $\sum_{k=1}^{\infty} a_k$ konvergiert. Man zeige, dass dann die Reihe

$$\sum_{k=1}^{\infty} \frac{\sqrt{a_k}}{k}$$

konvergiert.

3.4.2 Man untersuche die folgenden Reihen auf absolute und bedingte Konvergenz:

(i) $\sum_{k=1}^{\infty} \frac{(-1)^k}{k}$,

(ii) $\sum_{k=1}^{\infty} \frac{(-1)^{k+1}}{2k-1}$,

(iii) $\sum_{k=1}^{\infty} \frac{(-1)^{k+1}}{k^2}$,

(iv) $\displaystyle\sum_{k=1}^{\infty}(-1)^{k}\frac{k^{2}-4k}{2k^{3}+k-5}$,

(v) $\displaystyle\sum_{k=1}^{\infty}(-1)^{k}\frac{2^{k}+1}{3^{k}-4}$,

(vi) Ⓛ $\displaystyle\sum_{k=1}^{\infty}(-1)^{k}\left(\sqrt{k+1}-\sqrt{k}\right)$,

(vii) $\displaystyle\sum_{k=1}^{\infty}\frac{(-1)^{k}}{\sqrt{k+1}}$.

3.4.3 Seien $\alpha, \beta \in \mathbb{R}$. Für $k \in \mathbb{N}$ sei

$$\mu(k) := \begin{cases} \alpha & \text{für } k \text{ ungerade} \\ \beta & \text{für } k \text{ gerade.} \end{cases}$$

Man zeige: $\displaystyle\sum_{k=1}^{\infty}\frac{(-1)^{k}}{k^{\mu}}$ konvergiert absolut, falls $\alpha > 1$ und $\beta > 1$ und konvergiert, falls $\alpha = \beta > 0$. Die Reihe divergiert, falls $\alpha \neq \beta$ und $\alpha < 1$ oder $\beta < 1$.

3.4.4 Man untersuche die folgenden Reihen auf Konvergenz

(i) $\displaystyle\sum_{k=1}^{\infty}\frac{(-1)^{\frac{k(k+1)}{2}}}{k}$,

(ii) $\displaystyle\sum_{k=1}^{\infty}\frac{(-1)^{\frac{k(k+1)}{2}}}{\sqrt{k}}$,

(iii) $\displaystyle\sum_{k=0}^{\infty}\frac{(-1)^{\frac{k(k+1)}{2}}}{2^{k}}$,

(iv) $\displaystyle\sum_{k=1}^{\infty}(-1)^{\frac{k(k+1)}{2}}k$.

3.5   Der Umordnungssatz

3.5.1 Ⓣ Man zeige: Die Reihe

$$s := \sum_{k=1}^{\infty}\frac{(-1)^{k+1}}{k} = 1 - \frac{1}{2} + \frac{1}{3} - \frac{1}{4} + - \dots$$

konvergiert, jedoch nicht absolut, und es ist $\frac{1}{2} < s < 1$. Durch geeignetes Umordnen der Reihe erhält man den Grenzwert $\frac{3s}{2}$.

3.5.2 Sei $(a_k)_{k \in \mathbb{N}}$ eine Folge reeller Zahlen, so dass die Reihe $\sum\limits_{k=1}^{\infty} a'_k = \sum\limits_{\ell=1}^{\infty} a_{k_\ell}$ für jede bijektive Abbildung $k : \mathbb{N} \to \mathbb{N}$, $k(\ell) = k_\ell$, konvergiert (gegen eine reelle Zahl). Man zeige, dass die Reihe $\sum\limits_{k=1}^{\infty} a_k$ dann absolut konvergiert und alle Umordnungen denselben Wert haben:

$$\sum_{k=1}^{\infty} a'_k = \sum_{k=1}^{\infty} a_k.$$

3.6 Doppelfolgen

3.6.1 Man untersuche die folgenden Doppelfolgen $(a_{k\ell})_{k,\ell=1}^{\infty}$ auf Konvergenz und bestimme ggf. den Doppellimes und die iterierten Grenzwerte:

(i) $a_{k\ell} = \dfrac{1}{k^2 + \ell^2}$,

(ii) ⓛ $a_{k\ell} = \dfrac{k + \ell^2}{k\ell^2}$,

(iii) $a_{k\ell} = \dfrac{k + \ell}{2(k^2 - \ell^2) + 3}$,

(iv) $a_{k\ell} = \dfrac{k^2 - \ell^2}{k^2 + \ell^2}$.

3.7 Doppelreihen

3.7.1 ⓛ Man zeige, dass die Doppelreihe $\sum\limits_{k,\ell=2}^{\infty} \dfrac{1}{k^\ell}$ konvergent ist und berechne die Doppelsumme.

3.7.2 Man zeige die folgenden Behauptungen:

(i)   ⓗ Die Reihe $\sum\limits_{\substack{\ell=1 \\ \ell \neq k}}^{\infty} \dfrac{1}{k^2 - \ell^2}$ konvergiert für $k \in \mathbb{N}$ gegen $-\dfrac{3}{4k^2}$.

(ii) Es sei $a_{k\ell} = \dfrac{1}{k^2 - \ell^2}$ für $k \neq \ell$, $a_{kk} = 0$. Dann gilt

$$\sum_{k=0}^{\infty} \left(\sum_{\ell=0}^{\infty} a_{k\ell} \right) = -\sum_{\ell=0}^{\infty} \left(\sum_{k=0}^{\infty} a_{k\ell} \right) \neq 0.$$

3.7.3 Man gebe eine Doppelfolge $(a_{k\ell})_{k,\ell=1}^{\infty}$ an, so dass

$$\sum_{k=1}^{\infty} \sum_{\ell=1}^{\infty} a_{k\ell} = 0, \quad \sum_{\ell=1}^{\infty} \sum_{k=1}^{\infty} a_{k\ell} = 1.$$

3.7.4 Ⓗ Sei $\tau(k)$ die Anzahl der natürlichen Teiler von $k \in \mathbb{N}$. Man zeige, dass für $|x| < 1$ gilt:

$$\sum_{k=1}^{\infty} x^{k^2} \frac{1+x^k}{1-x^k} = \sum_{k=1}^{\infty} \frac{x^k}{1-x^k} = \sum_{k=1}^{\infty} \tau(k) x^k = \sum_{k,\ell=1}^{\infty} x^{k \cdot \ell}.$$

3.8   Produkte von Reihen

3.8.1 (i)   Ⓛ Man zeige, dass für alle $x, x' \in \mathbb{R}$:

$$\sin x \sin x' = -\sum_{k=1}^{\infty} \frac{(-1)^k}{(2k)!} \sum_{\substack{\ell=1 \\ \ell \text{ ungerade}}}^{2k-1} \binom{2k}{\ell} x^{\ell} (x')^{2k-\ell}.$$

(ii)   Ⓛ Zusammen mit der entsprechenden Formel für $\cos x \cos x'$ folgere man hieraus das Additionstheorem für Cosinus:

$$\cos(x + x') = \cos x \cos x' - \sin x \sin x' \text{ für alle } x, x' \in \mathbb{R}.$$

(iii) Man beweise das Additionstheorem für Sinus:

$$\sin(x + x') = \sin x \cos x' + \cos x \sin x' \text{ für alle } x, x' \in \mathbb{R}.$$

3.8.2 Ⓗ Sei $P(x) = \sum_{k=0}^{\infty} a_k x^k$ eine für $|x| < R$ konvergente Potenzreihe mit $a_0 \neq 0$. Man zeige, dass dann $\frac{1}{P(x)}$ eine Potenzreihendarstellung der Form

$$\frac{1}{P(x)} = \sum_{k=0}^{\infty} b_k x^k$$

für $|x| < \tilde{R}$ mit einem geeigneten $\tilde{R} > 0$ besitzt.

4 Stetige Funktionen einer Variablen

4.1 Reelle Funktionen

4.1.1 Man bestimme Definitions- und Wertebereich der Funktion

$$f(x) = x^2 + \sqrt{x^4 + 1} + \frac{1}{x^2 - \sqrt{x^4 + 1}}.$$

4.1.2 Ⓛ Für $x \geq 0$ sei

$$f(x) := \sqrt{x} - x.$$

Man bestimme ein $x^+ \geq 0$, so dass

$$f(x) \leq f(x^+) \text{ für alle } x \geq 0.$$

4.1.3 Ⓛ Sei $f : \mathbb{R} \to \mathbb{R}$ eine für alle $x \in \mathbb{R}$ definierte monotone Funktion, welche der Cauchyschen Funktionalgleichung

$$f(x + x') = f(x) + f(x') \text{ für alle } x, x' \in \mathbb{R}$$

genügt. Man zeige, dass es eine Zahl $c \in \mathbb{R}$ gibt, so dass

$$f(x) = cx \text{ für alle } x \in \mathbb{R}.$$

4.1.4 Sei $c > 0$. Man zeige, dass die Exponentialfunktion auf dem Intervall $[-c, c]$ dehnungsbeschränkt ist und bestimme eine Lipschitz-Konstante. Wann ist $\exp x$ kontrahierend auf $[-c, c]$?

4.2 Polynome und rationale Funktionen

4.2.1 Ⓛ Ein Polynom $P(x) = \sum_{k=0}^{n} a_k x^k$, $a_0, a_1, \ldots, a_n \in \mathbb{R}$, ist genau dann gerade, d. h. es gilt $P(x) = P(-x)$ für alle $x \in \mathbb{R}$, wenn $a_k = 0$ für alle ungeraden Indizes k.

4.2.2 Man beweise, dass das Polynom

$$P(x) := x^n + ax + b$$

für gerades n höchstens zwei und für ungerades n höchstens drei verschiedene (reelle) Nullstellen besitzt.

4.2.3 Man berechne die Partialbruchzerlegungen von

(i) $\dfrac{x^5 + 1}{x^4 + x^2}$,

(ii) $\dfrac{x^6 + 1}{x^4 - x^2 - 2x + 2}$,

(iii) $\dfrac{1}{x^4 - 2x^2 + 1}$,

(iv) Ⓛ $\dfrac{x}{x^4 + 4}$,

(v) $\dfrac{1}{x^5 - x^4 + 2x^3 - 2x^2 + x - 1}$,

(vi) $\dfrac{2x^3 - 3x}{x^6 - 1}$.

4.3   Der Limes einer Funktion

4.3.1 Sei $a \in \mathbb{R}$, $a \neq +1, -2$. Man bestimme die Grenzwerte

(i) $\displaystyle\lim_{x \to a} \dfrac{x^2 - ax - 2x + 2a}{(x - a)(x + 2)(x - 1)}$,

(ii) Ⓛ $\displaystyle\lim_{x \to 0} \dfrac{\sqrt{1 + x^2} - 1}{x}$.

4.3.2 Unter Benutzung der Reihendarstellungen der Exponentialfunktion und von Cosinus und Sinus zeige man:

(i) $\displaystyle\lim_{x \to 0} \dfrac{\exp x - 1}{x} = 1$,

(ii) $\displaystyle\lim_{x \to 0} \dfrac{\cos x - 1}{x} = 0$,

(iii) $\lim\limits_{x \to 0} \dfrac{\sin x}{x} = 1.$

4.3.3 Ⓛ Definiert man $f(x)$ für $0 < x < 1$ durch die Gleichung

$$\sin x = \frac{x(60 - 7x^2)}{60 + 3x^2} + x^7 f(x),$$

so konvergiert $f(x)$ für $x \to 0$. Man berechne diesen Grenzwert.

4.4 Stetige Funktionen

4.4.1 Sei $f : \mathbb{R} \to \mathbb{R}$ eine reelle Funktion, dann heißt die Menge

$$\Omega = \Omega(f) := \{ \, \omega \in \mathbb{R} \mid \omega \text{ ist Periode von } f \, \}$$

der **Periodenmodul** von f. Man zeige:

(i) $\omega, \omega' \in \Omega \Rightarrow \omega + \omega' \in \Omega$ sowie $\omega \in \Omega, k \in \mathbb{Z} \Rightarrow k\omega \in \Omega$.

(ii) Ist 0 ein Häufungspunkt von Ω, so ist jede reelle Zahl Häufungspunkt von Ω.

(iii) Sei 0 ein Häufungspunkt von Ω und sei f stetig, dann ist f eine Konstante.

(iv) Sei $\Omega \neq \emptyset$ und sei 0 kein Häufungspunkt von Ω, dann ist

$$\omega_0 := \inf \{ \, \omega \in \Omega \mid \omega > 0 \, \} \in \Omega$$

und es gilt
$$\Omega = \{ \, k\omega_0 \mid k \in \mathbb{Z} \, \}.$$

4.4.2 Für $x \in I := \{ \, x \in \mathbb{R} \mid 0 < x < +\infty \, \}$ sei

$$f(x) := x + \frac{1}{x}.$$

Zu jedem $a \in I$ und jeder ε-Umgebung $I_\varepsilon(b) = \{ \, |y - b| < \varepsilon \, \}$, $b = f(a)$ bestimme man eine δ-Umgebung $I_\delta(a) = \{ \, |x - a| < \delta \, \}$, so dass $f(I_\delta(a)) \subset I_\varepsilon(b)$.

4.4.3 (i) Man zeige: Für $a, b \in \mathbb{R}$ gilt

$$\max \{ \, a, b \, \} = \frac{1}{2}(a + b + |a - b|).$$

(ii) Man zeige: Die Funktion $f : \mathbb{R} \to \mathbb{R}$, $f(x) - |x|$ ist stetig.

(iii) Seien $f_1, \ldots, f_n : \mathbb{R} \to \mathbb{R}$ stetige Funktionen. Man zeige: Die Funktion $\max\{ f_1, \ldots, f_n \} : \mathbb{R} \to \mathbb{R}$ mit

$$\max\{ f_1, \ldots, f_n \}(x) := \max\{ f_1(x), \ldots, f_n(x) \}$$

ist stetig.

(iv) Ist die Funktion $\left(\sup_{k \in \mathbb{N}} f_k \right)(x) = \sup\{ f_k(x) \mid k \in \mathbb{N} \}$ stetig, wenn $f_k : \mathbb{R} \to \mathbb{R}$ für $k \in \mathbb{N}$ stetige Funktionen sind?

4.4.4 (i) Man zeige, dass die Funktion

$$f : \mathbb{Q} \to \mathbb{R}, \quad f(x) := \begin{cases} 0 & \text{für } x \le \sqrt{2} \\ 1 & \text{für } x > \sqrt{2} \end{cases}$$

stetig ist.

(ii) Seien $f, g : \mathbb{R} \to \mathbb{R}$ stetige Funktionen mit $f(x) = g(x)$ für alle $x \in \mathbb{Q}$. Man zeige, dass dann $f(x) = g(x)$ für alle $x \in \mathbb{R}$ gilt.

4.4.5 Sei $f : \mathbb{R} \to \mathbb{R}$ definiert durch

$$f(x) := \begin{cases} \frac{1}{q} & \text{falls } x = \frac{p}{q}, p \in \mathbb{Z}, \text{ teilerfremd} \\ 0 & \text{falls } x \text{ irrational} \end{cases}$$

Man zeige, dass f in allen irrationalen Punkten stetig ist, aber in allen rationalen Punkten unstetig ist.

4.4.6 Sei $\varphi : \mathbb{N} \to [0, 1] \cap \mathbb{Q}$ bijektiv. Ferner sei $f : [0, 1] \to \mathbb{R}$ definiert durch

$$f(x) := \sum_{k \in \mathbb{N}: \varphi(k) < x} \frac{1}{2^k}.$$

Man zeige: $f|_{[0,1] \setminus \mathbb{Q}}$ ist stetig, lässt sich aber nicht zu einer stetigen Funktion $g : [0, 1] \to \mathbb{R}$ erweitern.

4.4.7 Für alle $x \in \mathbb{R}$ sei $[x] := \max\{ k \in \mathbb{Z} \mid k \le x \}$.

(i) Sei $f : \mathbb{R} \setminus \{ 0 \} \to \mathbb{R}$ durch $f(x) := [x] + \left[\frac{1}{x} \right]$ definiert. Wo ist f stetig?

(ii) Wo ist $g(x) := [x] \cdot \left[\frac{1}{x} \right]$ stetig?

4.4.8 Sei $f : [0,1] \to \mathbb{R}$ definiert durch

$$f(x) := \begin{cases} x & \text{für } 0 \le x \le \frac{1}{2} \\ 1 - x & \text{für } \frac{1}{2} \le x \le 1. \end{cases}$$

Sei $g : \mathbb{R} \to \mathbb{R}$ durch $g(x) := f(|x| - [|x|])$ und $h : \mathbb{R} \setminus \{0\} \to \mathbb{R}$ durch $h(x) := g\left(\frac{1}{x}\right)$ definiert. Man zeige: Es gibt keine reelle Zahl c, so dass die Funktion $H : \mathbb{R} \to \mathbb{R}$,

$$H(x) := \begin{cases} h(x) & \text{für } x \ne 0 \\ c & \text{für } x = 0, \end{cases}$$

stetig ist.

4.4.9 Es sei $f : \mathbb{R} \to \mathbb{R}$ eine Funktion, die in einem Punkt $a \in \mathbb{R}$ stetig sei. Für $x, x' \in \mathbb{R}$ gelte die Funktionalgleichung

$$f(x + x') = f(x) + f(x').$$

Man zeige, dass es ein $c \in \mathbb{R}$ gibt mit

$$f(x) = cx \text{ für alle } x \in \mathbb{R}.$$

4.4.10 Ⓛ Man bestimme alle in einem Punkt $a \in \mathbb{R}$ stetigen Funktionen $f : \mathbb{R} \to \mathbb{R}$ sowie alle auf ganz $\mathbb{R}$ stetigen Funktionen $f : \mathbb{R} \to \mathbb{R}$, die für jedes $x \in \mathbb{R}$ die Gleichung

$$f^2(x) \cdot (1 + x^2 f^2(x)) = x^2$$

erfüllen.

4.4.11 Ist $f : [a,b] \to \mathbb{R}$, $a < b$, nach unten halbstetig, so ist f nach unten beschränkt.

4.4.12 Man zeige, dass $f(x) := \sqrt{x}$ für $x \ge 0$ gleichmäßig stetig ist, dass aber $g(x) := x^2$ für $x \ge 0$ nicht gleichmäßig stetig ist.

4.4.13 Ⓛ Man zeige: Auf der Menge

$$D := \{ -\infty < x < -1 \} \cup \{ -1 < x < 1 \} \cup \{ 1 < x < +\infty \}$$

in $\mathbb{R}$ ist die Funktion

$$f(x) := \frac{1}{(x+1)^2} + \frac{1}{(x-1)^2}$$

stetig. Für alle $r \in \mathbb{R}$ mit $0 < r < 1$ ist diese Funktion f auf der Menge

$$D_r := \{ -\infty < x \le -1 - r \} \cup \{ -1 + r \le x \le x \le 1 - r \} \cup \{ 1 + r \le x < +\infty \}$$

gleichmäßig stetig. Man gebe an, wie δ abhängig von ε gewählt werden muss.

4.5 Stetige Funktionen auf kompakten Intervallen

4.5.1 Ⓛ Sei $f : I \to \mathbb{R}$ gleichmäßig stetig in $I = \{\, x \in \mathbb{R} \mid |x| < 1 \,\}$. Man zeige: Dann gibt es genau ein stetiges $F : \bar{I} \to \mathbb{R}$ in $\bar{I} = \{\, x \in \mathbb{R} \mid |x| \leq 1 \,\}$, so dass $F = f$ in I gilt.

4.5.2 Sei $P(x) = \sum\limits_{k=0}^{n} a_k x^k, a_0, a_1, \ldots, a_n \in \mathbb{R},\ a_n \neq 0$, ein Polynom vom Grad n mit n ungerade. Man zeige, dass dann $P : \mathbb{R} \to \mathbb{R}$ eine surjektive Funktion ist.

4.5.3 Ⓛ Seien $a, b \in \mathbb{R}, a < b$. Die Funktion $f : [a, b] \to \mathbb{R}$ sei stetig mit $f([a, b]) \subset [a, b]$. Man zeige, dass dann ein $x_0 \in [a, b]$ existiert mit $f(x_0) = x_0$.

4.5.4 Ⓗ Man zeige: Unter allen dem Einheitskreis einbeschriebenen gleichschenkligen Dreiecken besitzt das gleichseitige den größten Flächeninhalt und den größten Umfang. Diese Eigenschaften gelten nur für das gleichseitige Dreieck.

4.6 Monotone Funktionen

4.6.1 Ⓛ Man zeige, dass die Funktion $f : \mathbb{R} \to (-1, 1)$, $f(x) = \frac{x}{1+|x|}$ bijektiv ist und bestimme ihre Umkehrabbildung.

4.6.2 Sei $f : [a, b] \to \mathbb{R}$, $a < b$, eine monotone Funktion mit $f(a) < 0$, $f(b) > 0$. Man zeige: Es gibt ein x_0, $a \leq x_0 \leq b$, so dass

$$f(x) \leq 0 \text{ für } x < x_0 \text{ und } f(x) \geq 0 \text{ für } x > x_0.$$

Ist f streng monoton, so ist x_0 eindeutig bestimmt.

4.6.3 Aus der Funktionalgleichung für den Logarithmus leite man die Formel

$$\log x^{\frac{p}{q}} = \log \sqrt[q]{x^p} = \frac{p}{q} \log x$$

für alle $p \in \mathbb{Z}$, $q \in \mathbb{N}$ und $x > 0$ her. Hieraus folgere man, dass für alle $\mu \in \mathbb{R}$, $x > 0$:

$$x^\mu = \exp(\mu \log x).$$

4.6.4 Ⓛ Sei $(a_n)_{n \in \mathbb{N}}$ eine konvergente Folge positiver reeller Zahlen. Man zeige, dass die Folge $(G_n)_{n \in \mathbb{N}}$,

$$G_n := \sqrt[n]{\prod_{k=1}^{n} a_k} \text{ für } n \in \mathbb{N},$$

konvergent ist mit $\lim\limits_{n \to \infty} G_n = \lim\limits_{n \to \infty} a_n$.

4.7   Gleichmäßige Konvergenz

4.7.1 Ⓣ Sei $(f_k)_{k\in\mathbb{N}}$ definiert durch

$$f_k(x) := \frac{kx}{1 + (kx)^2} \text{ für } k \in \mathbb{N}, \, x \in \mathbb{R}$$

bzw.

$$f_k(x) := \frac{k^2 x}{1 + kx + k^4 x^2} \text{ für } k \in \mathbb{N}, \, x \in \mathbb{R}.$$

(i)   Man zeige: Für alle $x \in \mathbb{R}$ ist $\lim\limits_{k\to\infty} f_k(x) = 0$.

(ii) Konvergiert $(f_k)_{k\in\mathbb{N}}$ gleichmäßig auf $\mathbb{R}$?

4.7.2 Sei $f : \mathbb{R} \to \mathbb{R}$ stetig in 0. Für $k \in \mathbb{N}$ sei $f_k : \mathbb{R} \to \mathbb{R}$ definiert durch $f_k(x) := f(\frac{x}{k})$. Man zeige:

(i) $(f_k)_{k\in\mathbb{N}}$ konvergiert punktweise gegen die konstante Funktion $g : \mathbb{R} \to \mathbb{R}$, $g(x) := f(0)$.

(ii) $(f_k)_{k\in\mathbb{N}}$ konvergiert genau dann gleichmäßig gegen g, wenn $f = g$ gilt.

(iii) Für jede beschränkte Teilmenge $A \subset \mathbb{R}$ konvergieren die Einschränkungen $\left(f_k\big|_A\right)_{k\in\mathbb{N}}$ gleichmäßig gegen $g\big|_A$.

4.7.3 Sei $D \subset \mathbb{R}$. $f_k : D \to \mathbb{R}$, $k \in \mathbb{N}$, sei eine gleichmäßig konvergente Folge gleichmäßig stetiger Funktionen. Man zeige, dass dann die Grenzfunktion gleichmäßig stetig ist.

4.7.4 Sei $X := C_b^0(D, \mathbb{R})$ die Menge aller reellwertigen, stetigen und beschränkten Funktionen auf $D \subset \mathbb{R}$. Für $f \in X$ sei

$$\|f\| := \sup_{x\in D} |f(x)|$$

und für $f, g \in X$ sei

$$d(f, g) := \|f - g\|.$$

(i)   Man zeige, dass $\|\ \| : X \to \mathbb{R}$ eine Norm und $d : X \times X \to \mathbb{R}$ eine Metrik ist.

(ii) Man zeige: $(f_k)_{k\in\mathbb{N}}$ konvergiert genau dann bezüglich der Supremumsnorm $\|\ \|$, wenn $(f_k)_{k\in\mathbb{N}}$ gleichmäßig auf D gegen ein $f : D \to \mathbb{R}$ konvergiert.

(iii) Man zeige, dass $(X, \|\ \|)$ vollständig ist.

4.7.5 Sei $(f_k)_{k \in \mathbb{N}}$ eine Folge von stetigen Funktionen auf dem Intervall $[0, 1]$ mit den folgenden Eigenschaften:

(i) Die Funktionen $(f_k)_{k \in \mathbb{N}}$ sind gleichmäßig beschränkt, d. h., es gibt ein $L \geq 0$, so dass

$$|f_k(x)| \leq M \text{ für alle } x \in [0, 1], k \in \mathbb{N}.$$

(ii) Die Funktionen $(f_k)_{k \in \mathbb{N}}$ sind gleichmäßig Lipschitz-stetig, d. h., es gibt ein $L \geq 0$, so dass

$$|f_k(x) - f_k(x')| \leq L |x - x'| \text{ für alle } x, x' \in [0, 1], \ k \in \mathbb{N}.$$

Man zeige, dass eine Teilfolge $(f_{k_\ell})_{\ell \in \mathbb{N}}$ existiert, die gleichmäßig konvergiert.

4.7.6 Eine Funktion $f : D \to \mathbb{R} \cup \{ +\infty \}$ heißt im Punkt $a \in D$ nach unten halbstetig, wenn es zu jedem $c < f(a)$ ein $\delta > 0$ gibt mit

$$f(x) > c \text{ für alle } x \in D, \ |x - a| < \delta.$$

Sei $(f_k)_{k \in \mathbb{N}}$ eine Folge von nach unten halbstetigen Funktionen auf $D \subset \mathbb{R}$. Man zeige, dass die obere Einhüllende $f(x) := \sup_{k \in \mathbb{N}} f_k(x)$ auch von unten halbstetig ist.

4.7.7 Man zeige: Eine Funktion $f : [0, 1] \to \mathbb{R} \cup \{ +\infty \}$ ist genau dann nach unten halbstetig, wenn es eine Folge $(f_k)_{k \in \mathbb{N}}$ von stetigen Funktionen $f_k : [0, 1] \to \mathbb{R}$ gibt mit $f_k \nearrow f$ für $k \to \infty$.

4.8   Der Weierstraßsche Approximationssatz

4.8.1 Für $n \in \mathbb{N}$ und $k = 0, 1, \ldots, n$ und $0 \leq x \leq 1$ sei

$$B_k^n(x) = \binom{n}{k}(1 - x)^{n-k} x^k$$

das k-te Bernstein-Polynom vom Grad n. Man zeige: Jedes Polynom P vom Grad n lässt sich eindeutig darstellen in der Form

$$P(x) = \sum_{k=0}^{n} b_k B_k^n(x) \text{ für alle } x \in [0, 1]$$

mit (eindeutig bestimmten) Zahlen $b_0, b_1, \ldots, b_n$.

4.8.2 (H) Sei $w : [0, 1] \to \mathbb{R}$, $w(x) = \sqrt{x}$, die Wurzelfunktion auf dem Intervall $[0, 1]$. Sei $(P_n)_{n=0}^{\infty}$ die durch $P_0 \equiv 0$ und

$$P_{n+1}(x) := P_n(x) + \frac{1}{2}(x - P_n(x))^2 \text{ für } x \in [0, 1]$$

rekursiv definierte Folge von Polynomen $P_n : [0, 1] \to \mathbb{R}$. Man zeige, dass $P_n(x) \nearrow w(x)$ gleichmäßig für alle $x \in [0, 1]$.

## 4.9	Reihen von Funktionen

4.9.1 Man untersuche die folgenden Reihen auf Konvergenz. Für welche $x \in \mathbb{R}$ stellen sie stetige Funktionen dar?

(i) $f(x) := \sum\limits_{k=1}^{\infty} \dfrac{x^k}{k^2}$,

(ii) Ⓛ $f(x) := \sum\limits_{k=1}^{\infty} \dfrac{1}{k^2 - x^2}$,

(iii) $f(x) := \sum\limits_{k=1}^{\infty} \dfrac{x}{k(1 + kx^2)}$,

(iv) $f(x) := \sum\limits_{k=1}^{\infty} \dfrac{1}{k!} \dfrac{a^k}{1 + a^{2k}x^4}$,

(v) $f(x) := \sum\limits_{k=1}^{\infty} \dfrac{1}{k^x}$.

4.9.2 Für jedes $x \in \mathbb{R}$ ist die Reihe

$$f(x) := \sum_{k=1}^{\infty} \frac{x}{\sqrt{k}(1 + kx^2)}$$

konvergent, aber im Intervall $[-1, +1]$ ist die Konvergenz nicht gleichmäßig.

4.9.3 Seien $\sum\limits_{k=0}^{\infty} a_k x^k$ und $\sum\limits_{k=0}^{\infty} b_k x^k$ für $|x| < R$ konvergente Potenzreihen und sei $(x_l)_{l \in \mathbb{N}}$ eine Punktfolge mit $x_l \neq 0$ für alle $l \in \mathbb{N}$ und $x_l \to 0$ für $l \to \infty$. Weiterhin sei

$$\sum_{k=0}^{\infty} a_k x_l^k = \sum_{k=0}^{\infty} b_k x_l^k \text{ für alle } l \in \mathbb{N}.$$

Man zeige, dass dann $a_k = b_k$ für alle $k \in \mathbb{N}_0$ gilt.

4.9.4 Die Potenzreihe $f(x) = \sum\limits_{k=0}^{\infty} a_k x^k$ habe einen positiven Konvergenzradius $R > 0$. Man beweise:

(i) Für $n \in \mathbb{N}$ sei $T_n f(x) := \sum\limits_{k=0}^{n} a_k x^k$. Dann gilt

$$\lim_{x \to 0} \frac{f(x) - T_n f(x)}{|x|^n} = 0.$$

(ii) Falls nicht alle $a_k = 0$ sind, dann gibt es ein $\varepsilon > 0$, so dass

$$f(x) \neq 0 \text{ für alle } 0 < |x| < \varepsilon.$$

(Mit anderen Worten, wenn es eine Nullfolge $(x_\ell)_{\ell \in \mathbb{N}}$ gibt mit $0 < |x_\ell| < R$, $f(x_\ell) = 0$ für alle $\ell \in \mathbb{N}$, dann ist $a_k = 0$ für alle $k \in \mathbb{N}_0$).

4.9.5 Ⓛ Ausgehend von der Formel

$$P(x) = \sum_{k=0}^{\infty} f_{k+1} x^k = \frac{1}{1 - x - x^2} \text{ für } |x| < \frac{1}{g},$$

wobei g der goldene Schnitt ist, berechne man mit Hilfe der Partialbruchzerlegung von $\frac{1}{1-x-x^2}$ die Fibonacci-Zahlen $(f_n)_{n \in \mathbb{N}}$.

4.9.6 Seien $f_{nk}, f_k : D \to \mathbb{R}$ reelle Funktionen. Für festes $k \in \mathbb{N}$ sei

$$f_{nk}(x) \xrightarrow{\text{glm in } n} f_k(x),$$
$$|f_{nk}(x)| \leq a_k$$

für alle $x \in D$. Außerdem sei $\sum\limits_{k=0}^{\infty} a_k < +\infty$. Man zeige, dass dann

$$\lim_{n \to \infty} \sum_{k=0}^{\infty} f_{nk}(x) = \sum_{k=0}^{\infty} f_k(x) \text{ glm. für alle } x \in D.$$

5 Differentialrechnung einer Variablen

5.1 Differenzierbare Funktionen einer Variablen

5.1.1 (H) Man bestimme die Ableitungen der Funktionen $\exp x, \cos x, \sin x$ für alle $a \in \mathbb{R}$.

5.1.2 Sei $f(x) := x^2 + 7x + 2$. Man berechne $f'(a)$ für alle $a \in \mathbb{R}$ nur unter Benutzung der Definition der Ableitung.

5.1.3 (L) Sei $f(x) = x^3$ für $x \in \mathbb{R}$.

(i) Man bestimme die Gleichung der Tangente im Punkt $(a, f(a))$ für beliebiges $a \in \mathbb{R}$.

(ii) Auf dem Graphen von f finde man alle Punkte $(a, f(a))$, in welchen die Tangente parallel zu der Sekante ist, die die Punkte $(-1, -1)$ und $(2, 8)$ verbindet.

5.1.4 Man bestimme die Gleichung der Geraden, welche die Parabel $y = x^2 - 2x + 2$ berührt und die y-Achse bei $y = -1$ schneidet.

5.1.5 Man berechne eine Approximation für $\frac{2}{\sqrt{0{,}99} + (0{,}99)^2}$ und vergleiche mit dem vom Taschenrechner angegebenen Wert.

5.1.6 (L) Sei $b > 1$. Man beweise die folgenden Aussagen:

(i) Die Folge $(a_n^+)_{n \in \mathbb{N}}$, $a_n^+ := \frac{b^{\frac{1}{2^n}} - 1}{\frac{1}{2^n}}$, fällt streng monoton.

Die Folge $(a_n^-)_{n \in \mathbb{N}}$, $a_n^- := \frac{b^{-\frac{1}{2^n}} - 1}{-\frac{1}{2^n}}$, wächst streng monoton.

(ii) Die Folgen $(a_n^+)_{n \in \mathbb{N}}$ und $(a_n^-)_{n \in \mathbb{N}}$ konvergieren in $\mathbb{R}$.

(iii) Es gilt die Gleichheit der Grenzwerte:

$$\lim_{n \to \infty} a_n^+ = \lim_{n \to \infty} a_n^-.$$

5.1.7 Es sei

$$f(x) := \begin{cases} \max_{0 \le t \le x} |t^2 - t - 2| & \text{für } x \ge 0 \\ \max_{x \le t \le 0} |t^2 - t - 2| & \text{für } x < 0. \end{cases}$$

Man zeichne den Verlauf von f und berechne die Ableitung von f, sofern diese existiert.

5.1.8 Sei $f : \mathbb{R} \to \mathbb{R}$ gegeben durch

$$f(x) := \begin{cases} 0 & \text{für } -\infty < x \le 0 \\ x^2 & \text{für } 0 < x \le 1 \\ \sqrt{(x+1)^2 - 3} & \text{für } 1 < x < +\infty. \end{cases}$$

Man gebe an, in welchen Punkten f differenzierbar ist.

5.1.9 Sei $f(x) := \frac{\sqrt{1+x^2}-1}{x}$ für $x \ne 0$. Ist f in 0 differenzierbar? Man untersuche die Ableitung f' ggf. auf Stetigkeit.

5.1.10 Es sei

$$f(x) := \begin{cases} x^2 \cos \frac{1}{x} & \text{für } x \ne 0 \\ 0 & \text{für } x = 0. \end{cases}$$

Man zeige, dass f überall differenzierbar ist, dass aber f' in $x = 0$ nicht stetig ist.

5.1.11 Für $n \in \mathbb{N}$ sei

$$f(x) := \begin{cases} x^n \sin \frac{1}{x} & \text{für } x \ne 0 \\ 0 & \text{für } x = 0. \end{cases}$$

(i) Man zeige: Für $n = 1$ ist f stetig, aber weder $f'(0^+)$ noch $f'(0^-)$ existieren.

(ii) Wie oft ist f für $n \ge 2$ differenzierbar und stetig differenzierbar?

5.1.12 Man untersuche, ob die Funktionen

$$f_n(x) := \begin{cases} x^2 \sin \frac{1}{x^n} & \text{für } x \ne 0 \\ 0 & \text{für } x = 0 \end{cases}$$

für $n = 1, 2, 3$ stetig in 0 oder differenzierbar in 0 sind und ob die Ableitung f_n' stetig in 0 ist, falls sie dort existiert.

5.1.13 Sei $f : [0,1] \to \mathbb{R}$ definiert durch

$$f(x) := \begin{cases} \frac{1}{q^2} & \text{für } x = \frac{p}{q}, \ p \in \mathbb{Z}, \ q \in \mathbb{N}, \ \text{teilerfremd}, \\ 0 & \text{für } x \text{ irrational oder } x = 0 \text{ oder } x = 1. \end{cases}$$

Wo ist f stetig, wo differenzierbar?

5.1.14 Sei $I = (0,1)$ und sei $f : I \to \mathbb{R}$ stetig differenzierbar in I. Sei außerdem $|f'(x)| \le M$ für alle $x \in I$. Man zeige, dass f dann gleichmäßig stetig in I ist und es existieren $\lim\limits_{x \to 0} f(x)$ und $\lim\limits_{x \to 1} f(x)$.

5.1.15 Die Funktion f sei auf einem offenen Intervall I erklärt und im Punkt $a \in I$ differenzierbar. Weiter sei $f(a) = a$ und $|f'(a)| < 1$. Man zeige: Dann gibt es ein $\delta > 0$, so dass für $|x_0 - a| < \delta$ die Konvergenz der Folge $(x_n)_{n \in \mathbb{N}_0}$, $x_{n+1} := f(x_n)$, gegen a folgt.

5.1.16 Die Funktion f sei auf einem offenen Intervall I definiert und in $a \in I$ differenzierbar. Weiter gebe es ein $x_0 \in I$, so dass die durch $x_{k+1} := f(x_k)$, $k \in \mathbb{N}_0$, erklärte Folge gegen a konvergiert, ohne dass $x_k = a$ wird. Man zeige, dass dann

$$|f'(a)| \le 1.$$

5.2 Ableitungsregeln

5.2.1 Seien $p, q \in \mathbb{N}$. Man berechne die Ableitung der Funktion

$$f(x) := \sqrt[p+q]{(1-x)^p(1+x)^q}.$$

5.2.2 Für differenzierbares $f : I \to \mathbb{R}$ mit $f(x) \ne 0$ für alle $x \in I$ ist die logarithmische Ableitung Lf erklärt durch

$$Lf(x) := \frac{f'(x)}{f(x)} \text{ für alle } x \in I.$$

Man leite eine Produkt-, eine Quotienten- sowie eine Kettenregel her.

5.2.3 Man stelle fest, welche der folgenden Funktionen eine Umkehrfunktion besitzen und bestimme diese ggfs. Falls möglich, bestimme man die Ableitung der Umkehrfunktion sowohl direkt, als auch mit Hilfe der Umkehrformel:

(i)   Ⓛ $f(x) = x^3 + x + 1$ für alle $x \in \mathbb{R}$,

(ii) $g(x) = x^2 \cdot \sqrt{1 - x^2}$ für $|x| \le 1$,

(iii) $h(x) = \sqrt{x^4 - x^2}$ für $x \ge 1$.

5.2.4 Man bestimme alle in einem Punkt $a \in \mathbb{R}$ differenzierbaren Funktionen $f : \mathbb{R} \to \mathbb{R}$ sowie alle auf ganz $\mathbb{R}$ differenzierbaren Funktionen $f : \mathbb{R} \to \mathbb{R}$, die für jedes $x \in \mathbb{R}$ die Gleichung

$$f^2(x)(1 + f^2(x)x^2) = x^2$$

erfüllen.

5.3 Kurvendiskussion und der Mittelwertsatz

5.3.1 Für $x \geq 0$ sei
$$f(x) := \sqrt{x} - x.$$
Man bestimme ein $x^+ \geq 0$, so dass $f(x) \leq f(x^+)$ für alle $x \geq 0$.

5.3.2 Ⓛ Seien $a, b > 0$, $\mu > 1$. Sei
$$f(x) \leq ax + bx^{1-\mu} \text{ für alle } x > 0.$$

Man zeige, dass dann
$$f(x) \leq ca^{1-\frac{1}{\mu}}b^{\frac{1}{\mu}}$$

gilt mit einer Konstanten c, die nur von μ abhängt. Man gebe ein $c = c(\mu)$ an.

5.3.3 Der Abstand zweier Punkte (x, y) und (x', y') in der Ebene ist nach Pythagoras gleich $\sqrt{(x - x')^2 + (y - y')^2}$. Wir betrachten die Parabel
$$P := \left\{ (x, y) \in \mathbb{R}^2 \mid x = y^2 \right\}$$

und suchen denjenigen Punkt in P, für welchen der Abstand zum Punkt $(-1, 0)$ minimal wird. Das ist offensichtlich der Punkt $(0, 0)$. Wir wollen die Methode der Ableitung an diesem Beispiel erproben: Wir suchen das Minimum der Funktion $(x + 1)^2 + y^2$ (d. h. des Quadrates des Abstandes von $(x, y) \in P$ zum Punkt $(-1, 0)$) unter der Nebenbedingung $y^2 = x$, also das Minimum von
$$f(x) := (x + 1)^2 + x.$$

Differenzieren und Nullsetzen der Ableitung ergibt aber keineswegs die richtige Antwort. Man erkläre diesen Widerspruch und schlage eine bessere Vorgehensweise vor.

5.3.4 Die Funktion $f : I \to \mathbb{R}$ sei stetig in $I = [a, b]$, $a < b$ und differenzierbar in (a, b). Außerdem existiere der rechtsseitige Limes $\lim\limits_{\substack{x \to a \\ x > a}} f'(x)$. Man zeige: Dann ist f an der Stelle a rechtsseitig differenzierbar und es gilt $f'(a^+) = \lim\limits_{\substack{x \to a \\ x > a}} f'(x)$.

5.3.5 Sei $I = [0, +\infty)$. f und g seien stetig differenzierbare Funktionen auf I. Sei $f(0) = g(0)$ und $f'(x) \geq g'(x)$ für alle $x \in I$. Man zeige:

(i) Dann ist $f(x) \geq g(x)$ für alle $x \in I$.

(ii) Gilt zusätzlich $f'(0) > g'(0)$, dann ist $f(x) > g(x)$ für alle $x > 0$.

5.3.6 Ist $f(x) := \sum_{k=0}^{n} a_k x^k$ ein Polynom vom Grad n auf $\mathbb{R}$ und gilt für zwei Zahlen $a < b$, dass $f(x) = 0$ für $a < x < b$, so ist $f(x) = 0$ für alle $x \in \mathbb{R}$.

5.3.7 Sei $I := [0, +\infty)$. Sei $f : I \to \mathbb{R}$ stetig differenzierbar in I. Sei $f(x) = f'(x)$ für alle $x \in I$ und sei $f(0) = 1$. Man zeige: Dann gilt

$$f(x) \geq \max\{1, x\} \text{ für alle } x \geq 0.$$

5.3.8 Seien $a_1, \ldots, a_n \in \mathbb{R}$. Man suche das $x \in \mathbb{R}$, so dass $\sum_{k=1}^{n}(x - a_k)^2$ zum Minimum wird. (Sehr wichtig für die „Mittelwert"-Bildung bei Messreihen! Warum wohl?)

5.3.9 Sei $f : \mathbb{R} \to \mathbb{R}$ differenzierbar mit $\lim_{x\to\infty} f'(x) = c \in \overline{\mathbb{R}}$. Dann ist auch

$$\lim_{x\to\infty} \frac{f(x)}{x} = c.$$

5.3.10 Die Funktion $f : \mathbb{R} \to \mathbb{R}$ sei differenzierbar und es gebe eine Konstante $c > 0$, so dass

$$|f'(x)| \leq c|f(x)| \text{ für alle } x \in \mathbb{R}$$

gilt. Man zeige: Dann ist f entweder gleich Null oder verschwindet nirgends.

5.3.11 Ⓗ Sei $f : I \to \mathbb{R}$ differenzierbar in $I = [a, b]$, $a < b$, mit $f'(x) \neq 0$ für alle $x \in I$. Man zeige: Dann ist f streng monoton auf I.

5.3.12 Ⓐ Sei $f : I \to \mathbb{R}$ differenzierbar in $I = [a, b]$, $a < b$ und es gelte $f(a) = 0$, $f(b) > 0$, $f'(b) < 0$. Man zeige, dass es dann ein $\xi \in (a, b)$ gibt mit $f'(\xi) = 0$.

5.4   Die de L'Hospitalschen Regeln

5.4.1 Man berechne:

(i) $\displaystyle \lim_{x\to 0} \frac{\sum_{k=1}^{\infty}(-1)^k x^k}{\sum_{k=1}^{\infty} x^k}$,

(ii) Ⓛ $\displaystyle \lim_{x\to\infty} \frac{x}{x + \sqrt{1 + x^2}}$,

(iii) $\displaystyle \lim_{x\to 0} \frac{x^2(x^2 + 1)}{\sqrt{1 + x^2} - \sqrt{1 - x^2}}$,

(iv) $\displaystyle \lim_{x\to 0} \frac{x^3 - x^2 + x - 1}{7x^2 - 6x - 1}$.

5.4.2 Man berechne nach de L'Hospital:

(i) $\quad \lim\limits_{x\to 0}\left(\dfrac{1}{\sin x}-\dfrac{1}{x}\right),$

(ii) $\quad \lim\limits_{x\to 0}\dfrac{e^x+e^{-x}-2}{x-\log(1+x)},$

(iii) $\quad \lim\limits_{x\to 0}\left(\dfrac{\sin x}{x}\right)^{3/x^2},$

(iv) $\quad \lim\limits_{x\to\infty}\dfrac{e^{ax}}{x^\mu}$ für $a,\mu>0.$

5.4.3 Sei $f(x):=x^2\sin\frac{1}{x}$ und $g(x):=\sin x$ für alle $x\in\mathbb{R}$. Man untersuche, ob die Grenzwerte
$$\lim\limits_{x\to 0}\frac{f(x)}{g(x)},\quad \lim\limits_{x\to 0}\frac{f'(x)}{g'(x)}$$
existieren und bestimme sie gegebenenfalls.

5.4.4 Man beweise die folgende einfache Version der de L'Hospitalschen Regel: Ist $\lim\limits_{x\to\infty} f'(x)=a$, so auch $\lim\limits_{x\to\infty}\frac{f(x)}{x}=a$. Dies gilt auch für $a=+\infty$.

5.5   Differentiation von Folgen und Reihen

5.5.1 Sei
$$f_n(x):=\underbrace{\log\left(\log(\dots(\log x)\dots)\right)}_{n\text{-mal}}.$$

(i) Wo ist $f_n(x)$ definiert und differenzierbar? Berechne die Ableitung.

(ii) Man zeige, dass
$$\lim\limits_{x\to\infty}\frac{f_{n+1}(x)}{f_n(x)}=0.$$

5.5.2 Für $x>0$ und $n\in\mathbb{N}$ sei
$$f_n(x):=2^n\left(\sqrt[2^n]{x}-1\right).$$

Dann ist durch $f(x):=\lim\limits_{n\to\infty}f_n(x)$ eine für alle $x>0$ differenzierbare Funktion f erklärt, welche die Funktionalgleichung
$$f(xx')=f(x)+f(x')$$
für alle $x,x'>0$ erfüllt.

5.5.3 Man bestimme die Summen folgender Reihen in ihrem Konvergenzintervall:

(i) Ⓛ $\sum_{k=0}^{\infty} (k+1)x^k$,

(ii) $\sum_{k=0}^{\infty} \frac{(k+1)(k+2)}{2} x^k$.

5.5.4 Man berechne den Wert der Reihen

(i) Ⓣ $\sum_{k=1}^{\infty} \frac{k^2}{2^k}$,

(ii) Ⓛ $\sum_{k=1}^{\infty} \frac{1}{k2^k}$.

5.5.5 Man zeige mit Hilfe der Reihendarstellungen für Cosinus und Sinus, dass

$$\cos' x = \sin x, \; \sin' x = \cos x \text{ für alle } x \in \mathbb{R}.$$

5.5.6 Man zeige, dass die Reihe

$$\sum_{k=1}^{\infty} \frac{\sin(k^2 x)}{k^2}$$

eine stetige Funktion darstellt. Ist sie differenzierbar?

5.5.7 Sei $\varphi(x) := |x|$ für $x \in [-1, +1]$ zu einer Funktion auf ganz $\mathbb{R}$ erweitert durch $\varphi(x+2) = \varphi(x)$. Sei

$$f(x) := \sum_{k=0}^{\infty} \left(\frac{3}{4}\right)^k \varphi(4^k x).$$

Man zeige: f ist auf ganz $\mathbb{R}$ stetig, aber für kein $x \in \mathbb{R}$ differenzierbar.

5.6   Höhere Ableitungen und die Taylorsche Formel

5.6.1 Sei $f : I \to \mathbb{R}$ differenzierbar. Sei $Mf(x) := \frac{f(x)}{f'(x)}$ für $f'(x) \neq 0$. Man zeige: $(Mf)'(x) = 1$ für alle x mit $Mf(x) = 0$.

5.6.2 Man zeige: Die Funktion

$$f(x) := x \cdot |x|^3$$

ist auf $\mathbb{R}$ dreimal, aber nicht viermal differenzierbar.

5.6.3 Sei $f : \mathbb{R} \to \mathbb{R}$ gegeben durch

$$f(x) := \begin{cases} x^2 \sin \frac{1}{x} & \text{für } x \neq 0 \\ 0 & \text{für } x = 0. \end{cases}$$

Man zeige, dass f in 0 einmal, aber nicht zweimal differenzierbar ist.

5.6.4 Im Intervall $I = (a, b)$, $a < b$, sei die Funktion f dreimal differenzierbar und die erste Ableitung verschwinde nirgends. Außerdem sei

$$f'(x)f'''(x) - 3(f''(x))^2 = 0 \text{ für alle } a < x < b.$$

Man zeige: Dann ist die Umkehrfunktion von f ein Polynom vom Grade ≤ 2.

5.6.5 Ⓛ Ist die Funktion $f : (a, b) \to \mathbb{R}$ zweimal stetig differenzierbar, so gilt für alle $a < x < b$:

$$f''(x) = \lim_{h \to 0} \frac{f(x) - 2f(x + h) + f(x + 2h)}{h^2}.$$

5.6.6 Sei $I = [a, b) \subset \mathbb{R}$. Die Funktionen $f, g : I \to \mathbb{R}$ seien in I $(n-1)$-mal stetig differenzierbar und im Inneren $\mathring{I}$ n-mal differenzierbar. Dann gibt es zu jedem $x \in I$, $x \neq a$, ein ξ zwischen a und x, so dass

$$\left(f(x) - \sum_{k=0}^{n-1} \frac{f^{(k)}(a)}{k!}(x - a)^k \right) g^{(n)}(\xi) = f^{(n)}(\xi) \left(g(x) - \sum_{k=1}^{n-1} \frac{g^{(k)}(a)}{k!}(x - a)^k \right).$$

5.6.7 Sei $I = [a, b)$, $a < b$. Die Funktionen $f, g : I \to \mathbb{R}$ seien in I $(n-2)$-mal stetig differenzierbar, in $\mathring{I}$ $(n-1)$-mal differenzierbar und es existieren die Ableitungen $f^{(n)}(a)$, $g^{(n)}(a)$. Außerdem sei

$$f(a) = f'(a) = \ldots = f^{(n-1)}(a) = 0,$$
$$g(a) = g'(a) = \ldots = g^{(n-1)}(a) = 0,$$

es sei aber $g^{(n)}(a) \neq 0$. Dann ist

$$\lim_{x \to a} \frac{f(x)}{g(x)} = \frac{f^{(n)}(a)}{g^{(n)}(a)}.$$

5.6.8 Definiert man $f(x)$ für $0 < x < 1$ durch die Gleichung

$$\sin x = \frac{x(60 - 7x^2)}{60 + 3x^2} + x^7 f(x),$$

so konvergiert $f(x)$ für $x \to 0$. Man berechne diesen Grenzwert.

5.6.9 (H) Ausgehend von der Formel

$$\sum_{k=0}^{\infty} f_{k+1}x^k = \frac{1}{1-x-x^2}$$

für $|x| < \frac{1}{g}$, wobei $g = \frac{1+\sqrt{5}}{2}$ der goldene Schnitt ist, berechne man die Fibonacci-Zahlen $(f_n)_{n=0}^{\infty}$.

5.6.10 (H) Man zeige, dass die Funktion $f(x) = \frac{x}{\exp x - 1}$ in einer geeigneten Umgebung von 0 eine Reihenentwicklung der Form

$$f(x) = \frac{x}{\exp x - 1} = \sum_{k=0}^{\infty} \frac{B_k}{k!}x^k$$

besitzt und leite eine Rekursionsformel für die Koeffizienten B_k her.

5.6.11 (L) Man transformiere die geometrische Reihe $\sum_{k=0}^{\infty} x^k$ auf den Mittelpunkt $a = -\frac{1}{2}$.

5.6.12 Für $k \in \mathbb{N}$ sei $A(k)$ die Anzahl der Gitterpunkte des $\mathbb{R}^3$, die auf dem Dreieck $x + y + z = k$, $x, y, z \geq 0$, liegen. Für geeignete x beweise man die Formel

$$\sum_{k=1}^{\infty} A(k)x^k = \left(\sum_{k=1}^{\infty} x^k\right)^3,$$

berechne das Cauchy-Produkt $\left(\sum_{k=1}^{\infty} x^k\right)^3$ und damit $A(k)$.

5.6.13 Die Ableitungen von $f(x) := e^{e^x}$ lassen sich in der Gestalt

$$f^{(n)}(x) = \sum_{k=1}^{n} a_{nk}e^{e^x + kx}$$

schreiben. Man stelle Rekursionsformeln für die a_{nk} auf und stelle $f(x)$ als Potenzreihe in x dar: einmal durch Einsetzen von $y = e^x$ in e^y, sodann durch direkte Berechnung der Koeffizienten mit obenstehender Formel. Welche Beziehungen ergeben sich durch Koeffizientenvergleich?

5.6.14 Man betrachte die Taylor-Formel

$$\sqrt{1+x} = 1 + \frac{x}{2} - \frac{x^2}{8} + \frac{x^3}{16} + R.$$

Für $|x| \leq \frac{1}{5}$ zeige man die Restgliedabschätzung $|R| < \frac{1}{4} \cdot 10^{-3}$ und berechne damit $\sqrt{5}$ und $\sqrt{7}$ bis auf einen Fehler von 10^{-3}.

5.6.15 (L) Sei $p \in \mathbb{N}$. Man berechne die Taylor-Reihe von

$$f(x) = \sqrt[p]{1 + x}$$

um $a = 1$ und zeige durch Abschätzung des Restgliedes, dass diese in einer Umgebung von a gegen die Funktion konvergiert.

5.6.16 Man bestimme die Taylor-Reihe $Tf(0, x)$ mit Entwicklungspunkt 0 von

(i) $f(x) := \dfrac{1}{1 - x - x^2 + x^3}$,

(ii) (A) $f(x) := \dfrac{\log(x + \sqrt{1 + x^2})}{\sqrt{1 + x^2}}$.

5.6.17 Man zeige: Die Funktion

$$f(x) := \sum_{k=1}^{\infty} \frac{\cos(k^2 x)}{2^k}$$

ist unendlich oft differenzierbar für alle $x \in \mathbb{R}$, aber die Taylor-Reihe um 0 hat den Konvergenzradius 0.

5.6.18 Sei $f(x) := |x|^n$ für alle $x \in \mathbb{R}$, $n \in \mathbb{N}$ ungerade. Man zeige: f ist in 0 nur endlich oft differenzierbar und kann nicht durch eine in einem Intervall um 0 konvergente Potenzreihe $\sum_{k=0}^{\infty} a_k x^k = f(x)$ dargestellt werden.

5.6.19 (L) Man zeige, dass $e = \sum_{k=0}^{\infty} \frac{1}{k!}$ irrational ist.

5.6.20 Wie viele Summanden der Reihe

$$\exp x = \sum_{k=0}^{\infty} \frac{x^k}{k!}$$

braucht man, um $\exp x$ auf 3 Dezimalstellen nach dem Komma genau zu kennen für $|x| \le 2$?

5.6.21 Man zeige:

$$f(x) := \begin{cases} \exp\left(-\frac{1}{x^3}\right) & \text{für } x > 0 \\ 0 & \text{für } x \le 0 \end{cases}$$

ist auf $\mathbb{R}$ beliebig oft differenzierbar.

5.6.22 Man berechne die Taylor-Reihe $Tf(0,x)$ mit Entwicklungspunkt 0 der Funktion

$$f(x) := \begin{cases} \exp\left(-\frac{1}{x^2}\right) & \text{für } x \neq 0 \\ 0 & \text{für } x = 0. \end{cases}$$

5.6.23 Sei $f : I \to \mathbb{R}$ eine zweimal differenzierbare Funktion auf dem offenen Intervall $I = (0, +\infty)$.

(i) Ⓛ Sind $M_0, M_2 \in \mathbb{R} \cup \{+\infty\}$ obere Schranken von $|f|$ und $|f''|$, dann zeige man die Ungleichung

$$|f'(x)| \leq 2\sqrt{M_0 M_2} \text{ für alle } x \in I.$$

(ii) Man zeige: Bleibt f'' für $x \to b$ beschränkt und gilt $f(x) \to 0$ für $x \to b$, so folgt, dass $f'(x) \to 0$ für $x \to b$.

5.6.24 Die Funktion $f : \mathbb{R} \to \mathbb{R}$ sei zweimal stetig differenzierbar. Ferner gebe es Konstanten $M, M' > 0$, so dass

$$|f(x)|^2 \leq M, \; |f'(x)|^2 + |f''(x)|^2 \leq M' \text{ für alle } x \in \mathbb{R}$$

gilt. Man zeige, dass dann

$$|f(x)|^2 + |f'(x)|^2 \leq \max\{M, M'\}.$$

5.7 Lokale Extrema

5.7.1 Man beweise, dass das Polynom

$$P(x) := x^n + ax + b$$

für gerades n höchstens zwei und für ungerades n höchstens drei verschiedene (reelle) Nullstellen besitzt.

5.7.2 Sei $f : I \to \mathbb{R}$ dreimal differenzierbar in $I = (0,1)$ und alle Ableitungen der Ordnung ≤ 3 seien im Punkte $a \in (0,1)$ stetig mit

$$f'(a) = 0, \; f''(a) = 0, \; f'''(a) \neq 0.$$

Man zeige, dass dann in a kein relatives Extremum vorliegt.

5.7.3 Ⓗ Man zeige: Unter allen dem Einheitskreis einbeschriebenen gleichschenkligen Dreiecken besitzt das gleichseitige den größten Flächeninhalt und den größten Umfang. Diese Eigenschaften gelten nur für das gleichseitige Dreieck.

5.8 Konvexität

5.8.1 Ⓛ Sei $f(x) := (1+x)\sqrt{1-x^2}$ für $|x| \le 1$. Man bestimme die Nullstellen von f, die lokalen und globalen Minima und Maxima. Wo ist f monoton wachsend, wo monoton fallend, wo konvex, wo konkav, wo liegen die Wendepunkte? Man bestimme $\lim\limits_{x \to \pm 1} f'(x)$ und skizziere den Graphen von f.

5.8.2 Sei $f(x) := x^x = e^{x \log x}$ für $x > 0$. Man bestimme die Nullstellen von f, die lokalen und globalen Minima und Maxima. Wo ist f konvex, wo konkav, wo liegen die Wendepunkte? Man bestimme $\lim\limits_{x \to 0} f(x)$, $\lim\limits_{x \to 0} f'(x)$ und $\lim\limits_{x \to \infty} f'(x)$ und skizziere den Graphen von f.

5.8.3 Ⓗ Sei $I \subset \mathbb{R}$ ein Intervall und sei $f : I \to \mathbb{R}$ positiv und konkav. Man zeige, dass dann $\frac{1}{f}$ konvex ist.

5.8.4 Sei $I \subset \mathbb{R}$ ein offenes Intervall, $f : I \to \mathbb{R}$ zweimal differenzierbar in I mit $f''(x) \ge 0$ für alle $x \in I$. Man zeige:

(i) $f(x) \ge f(a) + f'(a)(x - a)$ für alle $x \in I$,

(ii) $f((1-t)x' + tx'') \le (1-t)f(x') + tf(x'')$ für alle $x', x'' \in I$ und alle $t \in [0,1]$.

(iii) $f(t_1 x_1 + \ldots + t_n x_n) \le t_1 f(x_1) + \ldots + t_n f(x_n)$ für alle $x_1, \ldots, x_n \in I$ und alle $t_1, \ldots, t_n \ge 0$ mit $t_1 + \ldots + t_n = 1$.

5.8.5 Seien $\mu, \nu \in \mathbb{R}$, $\mu, \nu > 0$ mit $\mu + \nu = 1$. Man zeige:

(i)   Für $a \ge 0$ gilt

$$f(x) := (1 + x)^\mu (1 + a)^\nu - 1 + x^\mu a^\nu \ge 0 \quad \text{für } a \le x < +\infty.$$

(ii) Für $a_1, \ldots, a_n, b_1, \ldots, b_n \ge 0$ gilt:

$$\sum_{k=1}^{n} a_k^\mu b_k^\nu \le \left(\sum_{k=1}^{n} a_k \right)^\mu \left(\sum_{k=1}^{n} b_k \right)^\nu.$$

6 Die elementaren transzendenten Funktionen

6.1 Die Exponentialfunktion

6.1.1 Man löse die folgenden Anfangswertprobleme durch Potenzreihenansatz:

(i)   Ⓛ $y'' + xy = 0$, $y(0) = 1$, $y'(0) = 0$.

(ii) $y'' + y' - xy^2 = 0$, $y(0) = 2$, $y'(0) = 1$.

(iii) $y'' + e^x y = 0$, $y(0) = 2$, $y'(0) = 1$.

6.1.2 (i) Man verifiziere: Die Potenzreihe

$$y(x) := \sum_{k=0}^{\infty} (-1)^k \frac{x^{2k+1}}{k!(k+1)!2^{2k+1}}$$

genügt der Differentialgleichung

$$x^2 \frac{d^2 y}{dx^2} + x \frac{dy}{dx} + (x^2 - 1)y = 0. \tag{6.1}$$

(ii) Man gewinne umgekehrt eine Lösung $y(x)$ der Differentialgleichung (6.1) durch Potenzreihenansatz $y(x) = \sum_{k=0}^{\infty} a_k x^k$, d. h., man gehe mit diesem Ansatz in die Differentialgleichung ein und gewinne durch Koeffizientenvergleich eine Rekursionsformel.

6.1.3 Sei $b > 0$. Man zeige die Existenz des Grenzwerts

$$\lim_{h \to 0} \frac{b^h - 1}{h}$$

auf elementarem Weg ohne Verwendung des Logarithmus.

6.2   Die Hyperbelfunktionen

6.2.1 (i) Man bestimme die Potenzreihenentwicklungen von $\cosh x$ und $\sinh x$ um 0.

(ii) Man löse die Differentialgleichung $y'' = y$ durch Potenzreihenansatz und bestimme die Lösungen zu den Anfangsbedingungen

$$y(0) = 1,\ y'(0) = 0 \text{ und } y(0) = 0,\ y'(0) = 1.$$

6.2.2 (i) Man nehme an, dass die Funktion

$$f(x) := \begin{cases} \dfrac{x}{e^x - 1} & \text{für } x \neq 0 \\ 1 & \text{für } x = 0 \end{cases}$$

in eine Potenzreihe um 0 entwickelbar ist und leite eine Rekursionsformel für ihre Koeffizienten her.

(ii) Mit Hilfe von (i) leite man eine Potenzreihenentwicklung für die Funktion

$$f(x) := x \coth x = x\frac{e^x + e^{-x}}{e^x - e^{-x}}$$

in einer Umgebung von 0 her.

6.2.3 Ⓗ Man bestimme die Umkehrfunktionen von $y = \cosh x$ und $y = \sinh x$ auf geeigneten Intervallen.

6.3   Der Logarithmus

6.3.1 Ⓛ Man bestimme die Potenzreihenentwicklung von

$$f(x) := \frac{\log(x + \sqrt{1 + x^2})}{\sqrt{1 + x^2}}$$

um 0 indem man eine Differentialgleichung herleitet, sie durch Potenzreihenansatz

$$g(x) = \sum_{k=0}^{\infty} a_k x^k$$

löst und dann zeigt, dass $f = g$ in einer geeigneten Umgebung von 0 gilt.

6.3.2 Für die hyperbolischen Funktionen $\cosh x$ und $\sinh x$ beweise man die Additionstheoreme und untersuche, wo sich diese Funktionen umkehren lassen. Berechne diese Umkehrfunktionen.

6.4   Die allgemeine Potenz

6.4.1 Ⓛ Sei $\mu \in \mathbb{R}$. Man berechne die Taylor-Reihe von

$$f(x) = (1 + x)^{\mu}$$

mit Entwicklungspunkt $a = 0$ und zeige durch Abschätzung des Restgliedes, dass diese in einer Umgebung von 0 gegen die Funktion konvergiert.

6.4.2 Für welche $\mu, \nu \in \mathbb{R}$ konvergiert

$$\sum_{k=2}^{\infty} \frac{1}{k^{\mu} \log^{\nu} k}?$$

6.4.3 Man zeige, dass für $x \in [0, 1]$

$$x^x = \sum_{k=0}^{\infty} \frac{f(x)^k}{k!}$$

gilt, wobei $f : [0, 1] \to \mathbb{R}$ eine stetige Funktion ist.

6.5   Die Winkelfunktionen Cosinus und Sinus

6.5.1 Für alle $x \in \mathbb{R}$ zeige man die Identitäten

(i) $\cos 3x = 4 \cos^3 x - 3 \cos x,$

(ii) $\sin 3x = 3 \sin x - 4 \sin^3 x,$

(iii)   und beweise $\cos \dfrac{\pi}{6} = \sin \dfrac{\pi}{3} = \dfrac{\sqrt{3}}{2}.$

6.5.2 Man beweise die Formeln

(i) $\cos 5x = 16 \cos^5 x - 20 \cos^3 x + 5 \cos x, \ x \in \mathbb{R}.$

(ii) $\cos \dfrac{2\pi}{n} + \cos \dfrac{2 \cdot 2\pi}{n} + \ldots + \cos \dfrac{(n-1)2\pi}{n} = -1, \ n \in \mathbb{N}, \ n \geq 2.$

6.5.3 (i) Ⓛ Für alle $n \in \mathbb{N}$ und alle $x \in \mathbb{R}$ mit $\sin \frac{x}{2} \neq 0$ zeige man, dass

$$\frac{1}{2} + \cos x + \cos 2x + \ldots + \cos nx = \frac{\sin\left(n + \frac{1}{2}\right)x}{2\sin\frac{x}{2}}.$$

(ii) Man berechne

$$\sum_{k=1}^{n} k^4 \cos kx.$$

6.5.4 Man berechne

(i) $\displaystyle\sum_{k=0}^{n} \cos^2(kx)$,

(ii) $\displaystyle\sum_{k=0}^{n} \cos kx \cdot \sin kx$.

6.5.5 Man untersuche, ob die Reihe

$$\sum_{k=1}^{\infty} \frac{\cos k^2 x}{k^2} \text{ auf } [-\pi, +\pi]$$

gleichmäßig konvergiert. Gilt dies auch für die Reihe

$$\sum_{k=1}^{\infty} \frac{d}{dx}\left(\frac{\cos k^2 x}{k^2}\right)?$$

6.5.6 Man bestimme den Konvergenzradius der Potenzreihe

$$\sum_{k=0}^{\infty} \sin k \cdot x^k.$$

6.5.7 Sei

$$f(x) := \sin((x+1)^2) - \sin(x^2).$$

Man bestimme $\liminf\limits_{x \to \infty} f(x)$ und $\limsup\limits_{x \to \infty} f(x)$.

6.5.8 Für $x > 0$ sei

$$f(x) := \cos x + \frac{\sin x}{x}.$$

Man zeige: Die Ableitung von f besitzt nur abzählbar viele Nullstellen $x_1 < x_2 < \ldots$ mit $f''(x_k) < 0$ und die Folge $(f(x_k))_{k \in \mathbb{N}}$ konvergiert für $k \to \infty$.

6.6 Tangens und Cotangens

6.6.1 Ⓛ Man zeige die Ungleichung

$$2\sin x + \tan x \geq 3x \text{ für } 0 \leq x < \frac{\pi}{2}.$$

6.7 Die Arcusfunktionen

6.7.1 Man bestimme die Grenzwerte (falls sie existieren):

(i) $\displaystyle\lim_{x\to 0} \frac{\tan x \cdot \arctan x}{x^2}$,

(ii) $\displaystyle\lim_{x\to 0} \frac{\tan x \cdot \arctan x - x^2}{x^4}$,

(iii) $\displaystyle\lim_{x\to 0} \frac{\tan x \cdot \arctan x - x^2 + \frac{x^4}{2}}{x^6}$.

6.7.2 Die kleinste positive Lösung x der Gleichung $\tan y = xy$ ist eine stetige Funktion von y für $y > 1$ und wächst monoton von 0 nach $\frac{\pi}{2}$, wenn y von 1 nach $+\infty$ wächst.

6.7.3 Ⓗ Man zeige, dass sich jede stetige Funktion $f : [-\pi, \pi] \to \mathbb{R}$ mit $f(-\pi) = f(\pi)$ im Intervall $[-\pi, \pi]$ gleichmäßig durch „trigonometrische Polynome" der Form

$$P(t) = a_0 + \sum_{k=1}^{n} (a_k \cos kt + b_k \sin kt)$$

mit $a_0, a_k, b_k \in \mathbb{R}$ für $k = 1, \ldots, n$ approximieren lässt.

6.8 Polarkoordinaten

6.8.1 Ⓗ Seien $a, b, \alpha, \omega \in \mathbb{R}$. Man skizziere die Bilder Im f der folgenden Abbildungen $f : \mathbb{R} \to \mathbb{R}^2$, $f(t) = (x(t), y(t))$ für $t \in \mathbb{R}$:

(i) $x(t) = a\cos \omega t$, $y(t) = b\cos(\omega t + \alpha)$,

(ii) $x(t) = a\cos \omega t$, $y(t) = b\cos 2\omega t$,

(iii) $x(t) = a\cos 2\omega t$, $y(t) = b\cos 3\omega t$.

6.8.2 Sei $x(t) = \cos \omega_1 t$, $y(t) = \cos \omega_2 t$ mit $\frac{\omega_1}{\omega_2}$ irrational. Seien $x_0, y_0, \varepsilon \in \mathbb{R}$ fest gewählt mit $|x_0| \leq 1$, $|y_0| \leq 1$ und $\varepsilon > 0$. Man zeige, dass ein L existiert mit

$$|x(L) - x_0| < \varepsilon \text{ und } |y(L) - y_0| < \varepsilon.$$

7 Integralrechnung

7.1 Stammfunktionen

7.1.1 Man bestimme Stammfunktionen zu

(i) (L) $\dfrac{1}{x \log^{\mu} x}$, $\mu \in \mathbb{R}$, $\mu \neq 1$,

(ii) $\cos x \sin^{\mu} x$, $\mu \in \mathbb{R}$.

7.2 Grundintegrale

7.2.1 Man bestimme Stammfunktionen zu

(i) (L) $\dfrac{\arcsin x}{\sqrt{1 - x^2}}$,

(ii) $\dfrac{\log\left(x + \sqrt{1 + x^2}\right)}{\sqrt{1 + x^2}}$.

7.3 Partielle Integration und Substitution

7.3.1 Man bestimme Stammfunktionen zu

(i) $x^2 \cos x$,

(ii) $x^n e^{ax}$, $a \in \mathbb{R}$, $n \in \mathbb{N}$,

(iii) $e^{-x} \cos(5x)$,

(iv) $\dfrac{x}{\sin^2 x}$,

(v) $\arctan x$,

(vi) (II) $x^n \log x$, $n \in \mathbb{N}_0$.

7.3.2 Man finde eine geeignete Substitution und bestimme Stammfunktionen
zu

(i) $\quad \dfrac{1}{x^2} \sin \dfrac{1}{x}$,

(ii) $\quad \dfrac{1}{x} \sin \dfrac{1}{x}$,

(iii) $\quad x^2 \sqrt{a^2 - x^2}$, $a > 0$,

(iv) $\quad \dfrac{\arcsin x}{\sqrt{1 - x^2}}$,

(v) $\quad \dfrac{x \arcsin x}{\sqrt{1 - x^2}}$.

(vi) $\quad \text{Ⓛ} \dfrac{1}{x \log x}$.

(vii) $\quad \dfrac{1}{x \log x \cdot \log(\log x)}$.

7.3.3 Sei $P(x) = \sum\limits_{k=0}^{n} a_k x^k$ ein Polynom vom Grad n und sei $\mu \in \mathbb{R} \smallsetminus \{\,0\,\}$.

(i)   Man zeige, dass es ein Polynom $Q(x) = \sum\limits_{k=0}^{n} b_k x^k$ vom Grad n gibt mit

$$\int P(x)e^{\mu x}\,dx = Q(x)e^{\mu x} \text{ für alle } x \in \mathbb{R}.$$

(ii)   Man bestimme eine Rekursionsformel zur Berechnung der b_k aus den a_k.

(iii) Hieraus berechne man das Integral

$$\int (13x^4 + 5x - 3)e^{2x}\,dx.$$

7.4 Integration rationaler Funktionen

7.4.1 Man bestimme Stammfunktionen zu den in Aufgabe 4.2.3 angegebenen rationalen Funktionen

(i) $\dfrac{x^5 + 1}{x^4 + x^2}$,

(ii) $\dfrac{x^6 + 1}{x^4 - x^2 - 2x + 2}$,

(iii) $\dfrac{1}{x^4 - 2x^2 + 1}$,

(iv) Ⓛ $\dfrac{x}{x^4 + 4}$,

(v) $\dfrac{1}{x^5 - x^4 + 2x^3 - 2x^2 + x - 1}$,

(vi) $\dfrac{2x^3 - 3x}{x^6 - 1}$.

7.5 Klassen elementar integrierbarer Funktionen

7.5.1 Man bestimme Stammfunktionen zu

(i) $\dfrac{x + \sqrt{1 + x^2}}{x - \sqrt{1 + x^2}}$,

(ii) $\dfrac{1}{x\sqrt{1 - x^2}}$,

(iii) Ⓛ $\dfrac{1}{\cos^2 x - \cos x - 6}$,

8 Das Riemannsche Integral

8.1 Das Riemann-Darbouxsche Integral

8.1.1 Sei $I := [0, 1 + a] \subset \mathbb{R}$, $a > 0$. Sei $f : I \to \mathbb{R}$ definiert durch

$$f(x) := \begin{cases} ax & \text{für } 0 \leq x \leq 1 \\ a - (x - 1) & \text{für } 1 \leq x \leq a + 1. \end{cases}$$

Für eine geeignete Folge von Partitionen $(\pi_k)_{k \in \mathbb{N}}$ von I berechne man $s(\pi_k, f)$ und $S(\pi_k, f)$. (Elementargeometrisch: $\int_I f(x) dx = \frac{a(a+1)}{2}$)

8.1.2 Man berechne das Integral $\int_a^b x^p dx$, indem man das Intervall $[a, b]$, $a < b$, in n gleiche Teile einteilt und dann zur Grenze übergeht. Man behandle wenigstens die Fälle $p = 3, 4$. Dabei darf man die Riemann-Integrierbarkeit von x^p über $[a, b]$ benutzen.

8.1.3 Ⓛ Sei $0 < a < b$ und sei $\mu \in \mathbb{R}$. Man berechne das Integral $\int_a^b x^\mu dx$, indem man das Intervall $[a, b]$ in geometrischer Progression in n Teile einteilt und dann zur Grenze übergeht. Dabei darf man die Riemann–Integrierbarkeit von x^μ über $[a, b]$ benutzen.

8.1.4 Für alle $n \in \mathbb{N}$ berechne man das Integral $\int_1^n \frac{1}{x} dx$ näherungsweise mit einem Fehler ≤ 1 und zeige, dass $\lim\limits_{n \to \infty} \int_1^n \frac{1}{x} dx = +\infty$. Die Riemann-Integrierbarkeit von $\frac{1}{x}$ über $[1, n]$ darf benutzt werden.

8.2 Die Riemannsche Definition

8.2.1 Ⓛ Man berechne das Integral $\int_a^b \cos x \, dx$, indem man das Intervall $[a, b]$, $a < b$, in n gleiche Teile einteilt und dann zur Grenze übergeht. Dabei darf man die Tatsache benutzen, dass $\cos x$ über $[a, b]$ Riemann-integrierbar ist.

8.2.2 Sei $f : [0,1] \to \mathbb{R}$ definiert durch $f(0) := 0$ und

$$f(x) := \frac{1}{n+2} \text{ für alle } \frac{1}{n+1} < x \le \frac{1}{n}, \; n \in \mathbb{N}.$$

(i) Man zeige, dass f Riemann-integrierbar ist.

(ii) Mit Hilfe der Formel

$$\sum_{k=0}^{\infty} \frac{1}{(a+k)(a+k+1)(a+k+2)} = \frac{1}{2a(a+1)}$$

für alle $a \in \mathbb{R} \smallsetminus \{\, 0, -1, -2, \dots \,\}$ berechne man $\int_0^1 f(x)dx = \frac{1}{4}$.

8.3   Klassen integrierbarer Funktionen

8.3.1 Sei $\alpha : [0,1] \to \mathbb{R}$ stetig und monoton, $f : [0,1] \to \mathbb{R}$ stetig. Für eine Partition $\pi : 0 = x_0 < x_1 < \dots < x_n = 1$ von $[0,1]$ sei

$$S(\pi,\alpha,f) := \sum_{k=1}^{n} M_k \left(\alpha(x_k) - \alpha(x_{k-1}) \right),$$

$$s(\pi,\alpha,f) := \sum_{k=1}^{n} m_k \left(\alpha(x_k) - \alpha(x_{k-1}) \right),$$

dabei ist

$$M_k := \sup_{x_{k-1} \le x \le x_k} f(x), \quad m_k := \inf_{x_{k-1} \le x \le x_k} f(x).$$

Man zeige: Für alle $\varepsilon > 0$ gibt es eine Partition π von $[0,1]$, so dass

$$|S(\pi,\alpha,\varphi) - s(\pi,\alpha,\varphi)| < \varepsilon.$$

Zusatzfrage: Wie muss man das „Riemann-Stieltjes-Integral" $\int_0^1 f(x)\,d\alpha(x)$ erklären, damit für $\alpha(x) = x$ das Riemann-Integral $\int_0^1 f(x)\,dx$ herauskommt?

8.3.2 Man untersuche, ob die Funktion $f : \mathbb{R} \to \mathbb{R}$,

$$f(x) := \begin{cases} \frac{q-1}{q} & \text{für } x = \frac{p}{q}, \; p \in \mathbb{Z}, \; q \in \mathbb{N}, \text{ teilerfremd} \\ 1 & \text{für } x \text{ irrational} \end{cases}$$

über das Intervall $[0,1]$ Riemann-integrierbar ist.

8.3.3 Seien $f, g : [a, b] \to \mathbb{R}$, $a < b$, Funktionen von beschränkter Variation. Man zeige, dass die Funktionen $f + g$, $f \cdot g$, λf für $\lambda \in \mathbb{R}$, f^+, f^-, $|f|$, $\max\{f, g\}$ und $\min\{f, g\}$ ebenfalls von beschränkter Variation sind.

8.3.4 Sei $f \in BV(I)$, $I = [a, b]$. Man zeige die folgenden Aussagen:

(i) $f\big|_{[a,c]} \in BV([a, c])$ und $f\big|_{[c,b]} \in BV([c, b])$ für alle $c \in [a, b]$ und es gilt die Identität:
$$V_a^b(f) = V_a^c(f) + V_c^b(f).$$

(ii) Die Funktion $g(x) := V_a^x(f)$ ist auf I monoton wachsend. Ebenso sind die Funktionen $g \pm f$ monoton wachsend auf I.

(iii) ⓗ Es gilt die Darstellung $f = g - h$ mit zwei monoton wachsenden Funktionen $g, h : I \to \mathbb{R}$.

(iv) Gilt umgekehrt $f = g - h$ mit zwei monoton wachsenden Funktionen $g, h : I \to \mathbb{R}$, so zeige man, dass f dann von beschränkter Variation auf I ist.

8.3.5 Man zeige: Die Funktion
$$f(x) := \begin{cases} x \cos \frac{1}{x} & \text{für } x \neq 0 \\ 0 & \text{für } x = 0 \end{cases}$$

ist auf $[0, 1]$ stetig, aber nicht von beschränkter Variation. Wie verhält es sich mit der Funktion
$$g(x) := \begin{cases} x \sin \frac{1}{x} & \text{für } x \neq 0 \\ 0 & \text{für } x = 0? \end{cases}$$

8.4 Eigenschaften integrierbarer Funktionen

8.4.1 Sei f eine beschränkte reelle Funktion auf $[a, b]$ mit f^2 Riemann-integrierbar. Folgt daraus, dass f Riemann-integrierbar ist? Man nehme an, dass f^3 Riemann-integrierbar ist. Folgt dann, dass f Riemann-integrierbar ist?

8.4.2 Ⓛ Sei $I = [a, b]$, $a < b$. Sei $f : I \to \mathbb{R}$ stetig differenzierbar. Sei
$$S := \{\, x \in [a, b] \mid f'(x) = 0 \,\}$$

und
$$T := f(S) = \{\, y \in \mathbb{R} \mid y = f(x) \text{ für ein } x \in S \,\}.$$

Man zeige: Dann gibt es zu jedem $\varepsilon > 0$ endlich viele kompakte, nicht-ausgeartete Intervalle $I_1, \ldots, I_n \subset \mathbb{R}$, $n = n(\varepsilon)$, mit
$$T \subset \bigcup_{l_0=1}^n I_k \quad \text{und} \quad \sum_{k-1}^n |I_k| < \varepsilon.$$

8.4.3 Sei $\pi : 0 = t_0 < t_1 < \ldots < t_n = 1$ eine Partition des Intervalls $[0,1]$. Sei $f : [0,1] \to \mathbb{R}$ eine Funktion, die im Inneren (t_{k-1}, t_k) eines jeden Teilintervalls $[t_{k-1}, t_k]$ konstant ist. Man zeige: Dann ist

$$F(x) := \int_0^x f(t)\,dt$$

eine in x stetige Funktion auf $[0,1]$.

8.4.4 Sei $I \subset \mathbb{R}$ ein abgeschlossenes, nicht ausgeartetes Intervall. Die Funktionen $f, g : I \to \mathbb{R}$ seien stetig mit $f \geq g$ und $f(x_0) > g(x_0)$ für ein $x_0 \in I$. Man zeige:

(i) $\displaystyle \int_I f(x)\,dx > \int_I g(x)\,dx$.

(ii) Anwendung: Sei $k \geq 0$ gerade und $\ell \in \mathbb{N}$, dann ist

$$\int_I \sin^{k+\ell} x\,dx < \int_I \sin^k x\,dx.$$

8.4.5 Man beweise die folgende Verallgemeinerung der Cauchy-Schwarzschen Ungleichung:

(i) Seien $f, g : I \to \mathbb{R}$, $I = [0,1]$, Treppenfunktionen mit endlich vielen Sprüngen, dann gilt

$$\int_I f(x)g(x)\,dx \leq \sqrt{\int_I f^2(x)\,dx \cdot \int_I g^2(x)\,dx}.$$

(ii) Seien $f, g : I \to \mathbb{R}$ stetige Funktionen. Man zeige auch in diesem Fall die Cauchy-Schwarzsche Ungleichung.

(iii) Wann gilt das Gleichheitszeichen?

8.4.6 Sei $V = C^0([0,1])$ der Vektorraum der stetigen Funktionen $f : [0,1] \to \mathbb{R}$.

(i) Man zeige, dass durch

$$(f,g) := \int_0^1 f(x)g(x)\,dx$$

ein Skalarprodukt auf V erklärt ist.

(ii) Sei

$$\|f\|_2 := \sqrt{(f,f)}$$

und

$$\|f\|_\infty := \sup_{0 \le x \le 1} |f(x)|.$$

Man zeige, dass $\|\cdot\|_2, \|\cdot\|_\infty : V \to \mathbb{R}$ Normen sind mit

$$\|f\|_2 \le \|f\|_\infty$$

und es gibt kein $c > 0$, so dass

$$|f|_\infty \le c\|f\|_2 \text{ für alle } f \in V.$$

8.4.7 (i) Ⓗ Sei $f : I \to \mathbb{R}$, $I = [0,1]$, eine Treppenfunktion mit endlich vielen Sprüngen. Dann gilt für alle $\nu, \mu \in \mathbb{R}$ mit $0 < \mu < \nu$ die Ungleichung

$$\left(\int_I |f(x)|^\nu \, dx \right)^{\frac{1}{\nu}} \le \left(\int_I |f(x)|^\mu \, dx \right)^{\frac{1}{\mu}}.$$

(ii) Man zeige diese Ungleichung auch für stetige Funktionen $f : I \to \mathbb{R}$.

8.4.8 Sei $I = [a,b]$, $a < b$, sei $f : I \to \mathbb{R}$ Riemann-integrierbar und sei $M \ge 0$. Man zeige: Wenn es ein $y_0 \in \mathbb{R}$ gibt, so dass

$$|f(x) - y_0| \le M \text{ für alle } x \in I,$$

dann gilt

$$\left| \int_a^b f(x) \, dx - (b-a)y_0 \right| \le M(b-a).$$

8.4.9 Ⓗ Sei $I = [a,b]$, $a < b$ und seien $f, g : I \to \mathbb{R}$ Riemann-integrierbar und monoton nicht fallend, dann gilt:

$$\int_a^b f(x)dx \int_a^b g(x)dx \le (b-a) \int_a^b f(x)g(x)dx.$$

8.4.10 Ⓛ Sei $f : \mathbb{R} \to \mathbb{R}$ eine Funktion, welche auf jedem kompakten Intervall beschränkt und Riemann-integrierbar ist und welche die Cauchysche Funktionalgleichung

$$f(x + x') = f(x) + f(x') \text{ für alle } x, x' \in \mathbb{R}$$

erfüllt. Man zeige, dass dann $f(x) = cx$ mit einer Konstanten $c \in \mathbb{R}$ gilt.

8.5   Der Hauptsatz der Differential- und Integralrechnung

8.5.1 Seien $a, b \in \mathbb{R}$, $a \neq b$, $a \neq 0$, $b \neq 0$, $a, b \notin [1, d]$, $d > 1$. Man bestimme $A, B, C \in \mathbb{R}$ so, dass

$$\frac{1}{x(x-a)(x-b)} = \frac{A}{x} + \frac{B}{x-a} + \frac{C}{x-b}$$

gilt und berechne $\int_1^d \frac{dx}{x(x-a)(x-b)}$.

8.5.2 Ⓛ Man bestimme eine Stammfunktion von $\frac{x}{x^4+4}$ und berechne so den Wert von

$$\int_{-1}^1 \frac{x}{x^4+4} dx.$$

8.5.3 (i)   Für $0 < |x| < 1$ zeige man:

$$\int_0^x \frac{dt}{1+t} = \sum_{k=1}^n \frac{(-1)^{k+1}}{k} x^k + R_n(x) \text{ mit } \lim_{n \to \infty} R_n(x) = 0.$$

(ii) $\sum_{k=1}^\infty \frac{(-1)^{k+1}}{k 2^k} = \log 3 - \log 2.$

8.5.4 Sei $f : [a, b] \to \mathbb{R}$, $a < b$ dreimal stetig differenzierbar. Setze

$$A(f) := \frac{b-a}{6}\left(f(a) + 4f\left(\frac{a+b}{2}\right) + f(b)\right).$$

(i)   Es gilt

$$\left|\int_a^b f(x)\,dx - A(f)\right| \leq S \frac{(b-a)^4}{1152}$$

mit $S = \sup\left\{|f^{(3)}(x) - f^{(3)}(x')| \mid x, x' \in [a, b]\right\}$.

(ii)   Ist $f(x) = \sum_{k=0}^3 a_k x^k$ ein Polynom vom Grad ≤ 3, so gilt

$$\int_a^b f(x)\,dx = A(f).$$

8.6 Integralformeln

8.6.1 Man berechne die folgenden Integrale:

(i) $\displaystyle\int_0^\infty x^n e^{-x}\,dx$ für $n \in \mathbb{N}$,

(ii) $\displaystyle\int_0^1 f(x)\,dx$ für $f(x) := \displaystyle\int_0^1 \frac{y^2 - x^2}{(x^2 + y^2)^2}\,dy$,

(iii) $\displaystyle\int_0^1 g(y)\,dy$ für $g(y) := \displaystyle\int_0^1 \frac{y^2 - x^2}{(x^2 + y^2)^2}\,dx$.

8.6.2 (i) ⓗ Man berechne $\int_0^1 (1 - t^2)^n\,dt$ für einige $n \in \mathbb{N}$.

(ii) ⓗ Man zeige:
$$\int_0^1 (1 - t^2)^n\,dt = \frac{(n!)^2 4^n}{(2n + 1)!}.$$

8.7 Uneigentliche Integrale

8.7.1 Sei $I = [a, b)$, $a \in \mathbb{R}$, $b \in \mathbb{R} \cup \{+\infty\}$, $a < b$. Sei $f : I \to \mathbb{R}$ auf jedem kompakten Teilintervall $[a, c]$, $a < c < b$ beschränkt und Riemann-integrierbar. Man zeige: Das uneigentliche Integral $\int_a^b f(x)dx = \lim\limits_{c \to b^-} \int_a^c f(x)dx$ existiert genau dann, wenn es zu jedem $\varepsilon > 0$ ein $a < c < b$ gibt, so dass gilt:
$$\left| \int_c^d f(x)dx \right| < \varepsilon \text{ für alle } c < d < b.$$

8.7.2 Was ist hier falsch?

Behauptung: $\int_{-1}^{+1} \frac{dx}{x} = 0$.

Beweis: Es ist $\int_{-1}^{-\varepsilon} \frac{dx}{x} = \int_{-\varepsilon}^{-1} \frac{dx}{|x|} = -\int_{\varepsilon}^{1} \frac{dx}{x}$. Also ist
$$\lim_{\varepsilon \to 0}\left(\int_{-1}^{-\varepsilon} \frac{dx}{x} + \int_{\varepsilon}^{1} \frac{dx}{x} \right) = \lim_{\varepsilon \to 0} 0 = 0.$$

8.7.3 Für welche $\mu \in \mathbb{R}$ sind die uneigentlichen Integrale
$$\int_0^1 x^\mu dx, \quad \int_1^\infty x^\mu dx, \quad \int_0^\infty e^{-\mu t} dt$$

endlich? Man bestimme jeweils deren Wert.

8.7.4 Man entscheide, ob das uneigentliche Integral $\int_0^1 \frac{1}{x} \sin\frac{1}{x}\,dx$ existiert.

8.7.5 Man berechne das uneigentliche Integral

$$\int_0^\pi \log(\sin x)\,dx,$$

indem man auf das Integral $\int_0^{\frac{\pi}{2}} \log(\sin 2x)\,dx$ die Substitutionsregel und die Additionstheoreme anwendet.

8.7.6 Man zeige die folgenden Behauptungen:

(i) $\left| \int_x^{x+2\pi} \frac{\sin t}{t}\,dt \right| \le \pi \int_x^{x+2\pi} \frac{|\sin t|}{t^2}\,dt$ für $x > 0$.

(ii) $\displaystyle\lim_{a\to+\infty}\lim_{b\to+\infty} \int_a^b \frac{\sin t}{t}\,dt = 0.$

(iii) $\displaystyle\int_0^\infty \frac{\sin t}{t}\,dt := \lim_{a\to+\infty}\lim_{b\to+\infty} \int_a^b \frac{\sin t}{t}\,dt = c$ mit $0 < c < +\infty.$

(iv) Für $I(x) := \displaystyle\int_0^\infty \frac{\sin xt}{t}\,dt$ gilt:

$$I(x) = +c \text{ für } x > 0 \text{ und } I(x) = -c \text{ für } x < 0.$$

8.7.7 Ⓛ Man zeige die Identität

$$\int_0^\infty \frac{\cos x}{1+x}\,dx = \int_0^\infty \frac{\sin x}{(1+x)^2}\,dx.$$

8.7.8 Ⓗ Für $x \ge 0$ sei

$$I(x) := \int_x^{x+1} \cos(t^2)\,dt.$$

Man zeige:

(i) $I(x) = \dfrac{\sin((x+1)^2)}{2(x+1)} - \dfrac{\sin(x^2)}{2x} + \displaystyle\int_{x^2}^{(x+1)^2} \frac{\sin s}{4s^{3/2}}\,ds,$

(ii) $|I(x)| \le \dfrac{1}{x}$ für $x > 0$,

(iii) $I(x) = \dfrac{\sin((x+1)^2) - \sin(x^2)}{2x} + R(x)$ mit $|R(x)| \le \dfrac{\text{const}}{x^2}$ für $x > 0$.

(iv) Man entscheide, ob das Integral $\int_0^\infty \cos(t^2)\,dt$ konvergiert.

8.7.9 Man betrachte das uneigentliche Integral

$$\Gamma(x) := \int_0^\infty t^{x-1} e^{-t} dt \text{ für } x > 0$$

und zeige die folgenden Behauptungen:

(i) $\Gamma(x)$ existiert für alle $x > 0$,

(ii) $\Gamma(x+1) = x\Gamma(x)$ für alle $x > 0$,

(iii) $\Gamma(n+1) = n!$ für alle $n \in \mathbb{N}_0$.

8.7.10 (i) Man zeige, dass das Integral

$$I(a) := \int_0^\infty \frac{dx}{x^2 + a}$$

für $a \geq 1$ gleichmäßig konvergiert und berechne $I(a)$.

(ii) Für $n \in \mathbb{N}$ beweise man:

$$\int_0^\infty \frac{dx}{(x^2 + 1)^{n+1}} = \int_0^{\frac{\pi}{2}} \cos^{2n} t\, dt = \frac{1 \cdot 3 \cdot 5 \cdot \ldots \cdot (2n-1)}{2 \cdot 4 \cdot 6 \cdot \ldots \cdot 2n} \frac{\pi}{2}.$$

8.8   Das Integralkriterium und Anwendungen

8.8.1 Ⓗ Für welche $\mu, \nu \in \mathbb{R}$ existiert das uneigentliche Integral

$$\int_2^\infty \frac{dx}{x^\mu \log^\nu x}?$$

8.8.2 Man untersuche die folgenden Reihen auf Konvergenz:

(i) $\displaystyle\sum_{k=2}^\infty \frac{1}{k \log^\mu k}$, $\mu > 0$,

(ii) Ⓗ $\displaystyle\sum_{k=2}^\infty \frac{1}{k \log k \cdot \log(\log k)}$.

8.8.3 Konvergiert die Folge $\left(\displaystyle\sum_{k=1}^n \frac{1}{k} - \log n\right)_{n\in\mathbb{N}}$?

8.8.4 Man zeige die asymptotische Gleichheit

$$\binom{2n}{n} \cong \frac{4^n}{\sqrt{\pi n}} \text{ für } n \to \infty.$$

8.9   Grenzwertsätze

8.9.1 Sei $f_k : [0, 1] \to \mathbb{R}$ definiert durch

$$f_k(x) := \begin{cases} k^2 x & \text{für } 0 \leq x \leq \frac{1}{k} \\ 2k - k^2 x & \text{für } \frac{1}{k} \leq x \leq \frac{2}{k} \\ 0 & \text{für } \frac{2}{k} \leq x \leq 1 \end{cases}$$

für $k \in \mathbb{N}$. Man zeige, dass $\lim\limits_{k \to \infty} f_k(x) = 0$, dass also die Folge $(f_k)_{k \in \mathbb{N}}$ punktweise gegen die Nullfunktion $f : [0, 1] \to \mathbb{R}$, $f(x) \equiv 0$ konvergiert, dass aber

$$\lim_{k \to \infty} \int_0^1 f_k(x)\,dx \neq \int_0^1 \lim_{k \to \infty} f_k(x)\,dx.$$

8.9.2 Ⓗ Sei $(f_k)_{k \in \mathbb{N}}$, $f_k : [a, b] \to \mathbb{R}$, eine gleichmäßig konvergente Folge von stetigen Funktionen, $a < b$, $k \in \mathbb{N}$. Weiter seien $(a_k)_{k \in \mathbb{N}}$ und $(b_k)_{k \in \mathbb{N}}$ konvergente Folgen in $[a, b]$. Man zeige, dass dann

$$\lim_{k \to \infty} \int_{a_k}^{b_k} f_k(x)\,dx = \int_{\lim\limits_{k \to \infty} a_k}^{\lim\limits_{k \to \infty} b_k} \lim_{k \to \infty} f_k(x)\,dx.$$

8.9.3 Seien $(f_k)_{k \in \mathbb{N}}$ und $(g_k)_{k \in \mathbb{N}}$ zwei Folgen beschränkter, Riemann–integrierbarer Funktionen auf einem kompakten Intervall $I = [a, b]$, $a < b$, mit $f_k \searrow f$, $g_k \searrow g$ und $f \geq g$. Man zeige, dass dann

$$\lim_{k \to \infty} \int_a^b f_k(x)\,dx \geq \lim_{k \to \infty} \int_a^b g_k(x)\,dx.$$

8.9.4 Es gibt eine Folge $(f_k)_{k \in \mathbb{N}}$ von stetigen Funktionen $f_k : [0, 1] \to \mathbb{R}$ mit $f_0(x) = 0$, $f_{k+1}(x) \geq f_k(x)$ für alle $x \in [0, 1]$ und $k \in \mathbb{N}_0$, $\int_0^1 f_k(x)\,dx \leq 1$ und $\lim\limits_{k \to \infty} f_k(x) = +\infty$ für alle $x \in \mathbb{Q} \cap (0, 1)$.

8.9.5 Sei $f : [a, b] \to \mathbb{R}$ eine integrierbare Treppenfunktion (mit abzählbar vielen Sprüngen). Man zeige:

$$\lim_{k \to \infty} \int_a^b f(x) \sin kx\,dx = 0,$$

$$\lim_{k \to \infty} \int_a^b f(x) |\sin kx|\,dx = \frac{2}{\pi} \int_a^b f(x)\,dx.$$

8.9.6 (i) Man berechne für alle $k, \ell \in \mathbb{N}$:

$$\int_0^{\frac{\pi}{2}} \sin kx \cdot \sin \ell x\, dx \quad \text{und} \quad \int_0^{2\pi} \cos kx \cdot \sin \ell x\, dx.$$

(ii) Sei $f : [0, 2\pi] \to \mathbb{R}$ stetig und sei $n \in \mathbb{N}$. Für welche $a_1, \ldots, a_n \in \mathbb{R}$ wird die Funktion

$$S_n(a_1, \ldots, a_n) := \int_0^{2\pi} \left(f(x) - \sum_{k=1}^n a_k \sin kx \right)^2 dx$$

zum Minimum?

8.9.7 (i) Ⓣ Man zeige:

$$\lim_{n \to \infty} \frac{\int_0^x (1 - t^2)^n dt}{\int_0^1 (1 - t^2)^n dt} = \begin{cases} +1 & \text{für } x > 0 \\ -1 & \text{für } x < 0. \end{cases}$$

(ii) Ⓣ Man zeige:

$$\lim_{n \to \infty} \frac{\int_0^x \int_0^s (1 - t^2)^n dt\, ds}{\int_0^1 (1 - t^2)^n dt} = |x|$$

für $|x| \leq 1$ sogar gleichmäßig.

(iii) Man zeige: Es gibt eine Folge von Polynomen $(P_n)_{n \in \mathbb{N}}$, mit denen man die Funktion $f(x) = |x|$ auf $[-1, +1]$ gleichmäßig approximieren kann.

8.9.8 Für $f \in C^0([-1, 1])$ zeige man die Limesrelation

$$\lim_{\varepsilon \to 0} \int_{-1}^1 \frac{\varepsilon}{\varepsilon^2 + x^2} f(x)\, dx = \frac{\pi}{2} f(0).$$

8.9.9 Man zeige:

$$\int_0^\pi \sum_{k=1}^\infty \frac{\sin kx}{k^3}\, dx = 2 \sum_{k=1}^\infty \frac{1}{(2k-1)^4}.$$

8.9.10 Ⓗ Man zeige die Identität

$$\int_0^1 x^x\, dx = \sum_{k=1}^\infty \frac{(-1)^{k+1}}{k^k}.$$

8.9.11 Die Funktionen $f_k : (0,1) \to \mathbb{R}$ seien stetig differenzierbar. Wann gilt

$$\left(\sum_{k=0}^{\infty} f_k(x) \right)' = \sum_{k=0}^{\infty} f_k'(x)?$$

8.9.12 Sei $I \subset \mathbb{R}$ ein kompaktes Intervall und sei $(f_k)_{k=0}^{\infty}$ eine Folge stetiger, nicht-negativer Funktionen auf I. Man zeige:

(i) Gilt $f_k(x) \geq f_{k+1}(x) \geq 0$ und $\lim_{k \to \infty} f_k(x) = 0$ für alle $x \in I$, so konvergiert $(f_k)_{k=0}^{\infty}$ gleichmäßig auf I gegen Null.

(ii) Existiert $f(x) := \sum_{k=0}^{\infty} f_k(x)$ für alle $x \in I$ und stellt eine stetige Funktion dar, so gilt

$$\int_I \sum_{k=0}^{\infty} f_k(x)\, dx = \sum_{k=0}^{\infty} \int_I f_k(x)\, dx.$$

8.9.13 Seien $I \subset \mathbb{R}^n$ ein kompaktes, nicht-ausgeartetes Intervall und $h : I \to \mathbb{R}$ eine beschränkte, Riemann-integrierbare Funktion. Sei weiter $C^0(I)$ die Menge der stetigen Funktionen auf I, $C^0(I) := \{ f : I \to \mathbb{R} \mid f \text{ stetig} \}$, und sei schließlich $L = L_h : C^0(I) \to \mathbb{R}$ definiert durch

$$L_h(f) := \int_I f(x)h(x)\, dx.$$

Man zeige die folgenden Aussagen:

(i) L ist ein lineares Funktional auf $C^0(I)$, d. h. für alle $a, b \in \mathbb{R}$ gilt

$$L(af + bg) = aLf + bLg.$$

(ii) Es gibt ein $K > 0$, so dass für alle $f, g \in C^0(I)$ gilt:

$$|L(f) - L(g)| \leq K \sup_{x \in I} |f(x) - g(x)|.$$

(iii) Ist $(f_n)_{n \in \mathbb{N}}$ eine Folge in $C^0(I)$, die gleichmäßig gegen $f \in C^0(I)$ konvergiert, so konvergiert $(L(f_n))_{n \in \mathbb{N}}$ gegen $L(f)$ für $n \to \infty$.

8.9.14 Es gibt genau eine stetige Funktion $f : [0,1] \to \mathbb{R}$ mit

$$f(x) = \int_0^1 \frac{f(t)}{1 + x + t}\, dt \text{ für alle } 0 \leq x \leq 1.$$

8.9.15 Es gibt genau eine stetig differenzierbare Funktion $f : [0,1] \to \mathbb{R}$ mit $f(0) = 1$ und

$$f'(x) = \frac{1 + f(x)}{1 + x^2} \text{ für alle } 0 \leq x \leq 1.$$

A   Mengensysteme, Relationen und Partitionen

A.1   Mengensysteme

A.1.1 A, B seien folgende Teilmengen der natürlichen Zahlen $\mathbb{N}$:

$$A := \{\, x \in \mathbb{N} \mid x = 1 \,\}, \quad B := \{\, x \in \mathbb{N} \mid x = 1, 2 \text{ oder } 3 \,\}.$$

Man gebe sämtliche Elemente der Potenzmengen $\mathcal{P}(B)$, $\mathcal{P}(\mathcal{P}(A))$ an.

A.1.2 Ⓛ Für zwei Mengen X, Y beweise man:

$$X \subset Y \;\Leftrightarrow\; \mathcal{P}(X) \subset \mathcal{P}(Y).$$

A.2   Indizierte Familien

A.2.1 Sei f eine Abbildung von X in Y und sei $(A_\lambda)_{\lambda \in \Lambda}$ eine Familie von Teilmengen von X. Dann gilt:

(i) $f\left(\bigcup_{\lambda \in \Lambda} A_\lambda\right) = \bigcup_{\lambda \in \Lambda} f(A_\lambda)$,

(ii) Ⓛ $f\left(\bigcap_{\lambda \in \Lambda} A_\lambda\right) \subset \bigcap_{\lambda \in \Lambda} f(A_\lambda)$.

A.2.2 Sei f eine Abbildung von X in Y und sei $(A'_\lambda)_{\lambda \in \Lambda}$ eine Familie von Teilmengen von Y. Dann gilt:

(i) $f^{-1}\left(\bigcup_{\lambda \in \Lambda} A'_\lambda\right) = \bigcup_{\lambda \in \Lambda} f^{-1}(A'_\lambda)$,

(ii) $f^{-1}\left(\bigcap_{\lambda \in \Lambda} A'_\lambda\right) = \bigcap_{\lambda \in \Lambda} f^{-1}(A'_\lambda)$.

A.3   Äquivalenzrelationen und Partitionen

A.3.1 Man prüfe nach, welche der folgenden Relationen R in $\mathbb{Z}$ reflexiv, transitiv oder symmetrisch sind $(k, \ell \in \mathbb{Z})$: $kR\ell$ genau dann, wenn

(i) $k \leq \ell$,

(ii) $k - \ell$ ist ein Vielfaches von 3,

(iii) $k \cdot \ell > 0$.

Man gebe gegebenenfalls die Äquivalenzklassen an.

A.3.2 $p \neq 1$ sei eine feste natürliche Zahl. Für $r \in \{ 0, 1, \dots, p - 1 \}$ sei

$$A_r := \{ n \in \mathbb{Z} \mid \text{ es gibt ein } q \in \mathbb{Z} \text{ mit } n = p \cdot q + r \}.$$

(i)   Man zeige:
$$\mathbb{Z}_p := \{ A_r \mid r = 0, 1, \dots, p - 1 \}$$
ist eine Partition von $\mathbb{Z}$.

(ii)   Ⓛ Ist folgende Relation R auf $\mathbb{Z}$ eine Äquivalenzrelation:

$$nRm :\Leftrightarrow n - m \text{ ist ein Vielfaches von } p?$$

Welche Partition liefert R gegebenenfalls?

(iii)   Ⓛ Man prüfe, ob folgende Relation R auf $\mathbb{Z}$ eine Äquivalenzrelation ist:

$$nRm :\Leftrightarrow n + m \text{ ist ein Vielfaches von } p.$$

A.3.3 Es sei

$$R := \{ ((m, n), (k, \ell)) \in (\mathbb{Z} \times \mathbb{N}) \times (\mathbb{Z} \times \mathbb{N}) \mid m\ell = nk \}.$$

Man zeige, dass R eine Äquivalenzrelation auf $\mathbb{Z} \setminus \mathbb{N}$ ist.

Die Menge $\mathbb{Q}$ der Äquivalenzklassen nennt man die Menge der rationalen Zahlen. Statt $[(m, n)]$ schreibt man auch $\frac{m}{n}$.

A.3.4 X, Y seien Mengen mit $X \subset Y$. Man beweise: Durch

$$A \sim B :\Leftrightarrow A \cap X = B \cap X, \quad A, B \in \mathcal{P}(Y)$$

wird auf $\mathcal{P}(Y)$ eine Äquivalenzrelation gegeben.

A.3.5 Sei $X \neq \emptyset$. Man zeige, dass dann durch

$$A \sim B :\Leftrightarrow A \text{ und } B \text{ sind gleichmächtig}$$

eine Äquivalenzrelation auf $\mathcal{P}(X)$ gegeben ist.

A.3.6 $\mathbb{R}^{\mathbb{R}}$ bezeichne die Menge aller Abbildungen $f : \mathbb{R} \to \mathbb{R}$. Für $f, g : \mathbb{R} \to \mathbb{R}$ sei

$$f \sim g :\Leftrightarrow \exists r > 0 : f|_{[-r,r]} = g|_{[-r,r]}.$$

Dabei ist $[-r,r] = \{ x \in \mathbb{R} \mid |x| \leq r \}$. Man zeige: $\sim$ ist eine Äquivalenzrelation auf $\mathbb{R}^{\mathbb{R}}$.

A.3.7 X sei eine nicht-leere Menge. X^X sei die Menge aller Abbildungen $f : X \to X$. Für $f, g : X \to X$ sei

$$f \sim g :\Leftrightarrow \exists h \in X^X \text{ bijektiv} : f = h \circ g \circ h^{-1}.$$

Man zeige, dass $\sim$ eine Äquivalenzrelation auf X^X ist.

A.3.8 (i) Man zeige: Auf $\mathbb{R}$ wird durch

$$x \sim y :\Leftrightarrow x - y \in \mathbb{Z}, \ x, y \in \mathbb{R}$$

eine Äquivalenzrelation definiert. Zu $x \in \mathbb{R}$ gebe man die Äquivalenzklasse $R_x = [x]$ an, zu der x gehört.

(ii) $f : \mathbb{R} \to \mathbb{R}$ sei eine Funktion. Man gebe eine notwendige und hinreichende Bedingung (an f) an, dass eine Funktion $g : \mathbb{R}/_\sim \to \mathbb{R}$ existiert mit

$$f(x) = g(\pi(x)), \ x \in \mathbb{R}.$$

Dabei ist $\pi : \mathbb{R} \to \mathbb{R}/_\sim$, $x \mapsto R_x$, die Projektion von $\mathbb{R}$ auf die Quotientenmenge $\mathbb{R}/_\sim$.

A.3.9 (L) Es sei $f : \mathbb{R} \to \mathbb{R}$ definiert durch

$$f(x) := k \text{ für } k \leq x < k+1, \ k \in \mathbb{Z}.$$

Auf $\mathbb{R}$ sei durch

$$x \sim x' :\Leftrightarrow f(x) = f(x')$$

eine Äquivalenzrelation $\sim$ definiert.

(i) Man finde das Bild $\operatorname{Im} f$ von f in $\mathbb{R}$.

(ii) Man konstruiere ein Repräsentantensystem A der Äquivalenzrelation $\sim$. Welche Klasseneinteilung liefert $\sim$?

(iii) Man konstruiere eine surjektive Abbildung $f_1 : \mathbb{R} \to A$, eine bijektive Abbildung $f_2 : A \to \operatorname{Im} f$ und eine injektive Abbildung $f_3 : \operatorname{Im} f \to \mathbb{R}$ mit

$$f = f_3 \circ f_2 \circ f_1.$$

A.3.10 X sei eine nicht-leere Menge und R sei eine Relation in X, die symmetrisch und transitiv ist.

(i) Man zeige: R ist genau dann eine Äquivalenzrelation, wenn es zu jedem $x \in X$ ein $x' \in X$ gibt mit $(x, x') \in R$.

(ii) Man gebe ein Beispiel für eine Menge X mit einer Relation R, die symmetrisch und transitiv, aber nicht reflexiv ist.

A.3.11 $p \neq 1$ sei eine feste natürliche Zahl. Nach Aufgabe A.3.2 wird durch

$$n \sim m \; :\Leftrightarrow \; \exists q \in \mathbb{Z} : n - m = p \cdot q$$

auf $\mathbb{Z}$ eine Äquivalenzrelation definiert. Für $n \in \mathbb{Z}$ bezeichne $\bar{n} := [n]$ die Äquivalenzklasse, in der n liegt. Man beweise:

(i) Gilt $n \sim k$, $m \sim \ell$, so auch $n + m \sim k + \ell$ und $n \cdot m \sim k \cdot \ell$.

(ii) Durch $\bar{n} + \bar{m} := \overline{n + m}$, $\bar{n} \cdot \bar{m} := \overline{n \cdot m}$ wird auf $\mathbb{Z}_p := \mathbb{Z}/\!\!\sim$ eine Addition $+$ und eine Multiplikation $\cdot$ definiert.

(iii) $(\mathbb{Z}_p, +, \cdot)$ ist ein kommutativer Ring mit Einselement (d. h. es gelten die Axiome eines Körpers außer, dass ein $a \in \mathbb{Z}_p$ evtl. kein Inverses besitzt).

A.4   Ordnungsrelationen

A.4.1 (i) Ⓛ Sei $p \in \mathbb{N}$. Man zeige: Auf der Menge

$$T_p := \{\, n \in \mathbb{N} \mid n \text{ ist ein Teiler von } p \,\}$$

definiert $R_p := \{\, (m, n) \in T_p \times T_p \mid m \text{ teilt } n \,\}$ eine Ordnung (Halbordnung).

(ii) Man gebe eine notwendige und hinreichende Bedingung (an p) dafür an, dass R_p auf T_p eine lineare (d. h. vollständige) Ordnung liefert.

B   Konstruktion der reellen Zahlen

B.1   Cauchy-Folgen in einem angeordneten Körper

B.1.1 Ⓛ Sei $(a_n)_{n\in\mathbb{N}}$ eine Cauchy-Folge und $(b_n)_{n\in\mathbb{N}}$ eine Folge mit $a_n - b_n \to 0$ für $n \to \infty$. Man zeige: Dann ist $(b_n)_{n\in\mathbb{N}}$ eine Cauchy-Folge.

B.2   Definition der reellen Zahlen

B.2.1 Ⓗ Man gebe Folgen rationaler Zahlen an, welche die Eulersche Zahl e repräsentieren.

B.3   Der angeordnete Körper der reellen Zahlen

B.3.1 Es seien $(a_n)_{n\in\mathbb{N}}$, $(b_n)_{n\in\mathbb{N}}$, $(a'_n)_{n\in\mathbb{N}}$, $(b'_n)_{n\in\mathbb{N}}$ Cauchy-Folgen rationaler Zahlen mit

$$(a_n)_{n\in\mathbb{N}} \sim (a'_n)_{n\in\mathbb{N}}, \quad (b_n)_{n\in\mathbb{N}} \sim (b'_n)_{n\in\mathbb{N}}.$$

Man zeige: Dann sind $(a_n+b_n)_{n\in\mathbb{N}}$, $(a'_n+b'_n)_{n\in\mathbb{N}}$, $(a_n \cdot b_n)_{n\in\mathbb{N}}$, $(a'_n \cdot b'_n)_{n\in\mathbb{N}}$ Cauchy-Folgen und es gilt:

$$(a_n + b_n)_{n\in\mathbb{N}} \sim (a'_n + b'_n)_{n\in\mathbb{N}}, \quad (a_n \cdot b_n)_{n\in\mathbb{N}} \sim (a'_n \cdot b'_n)_{n\in\mathbb{N}}.$$

B.3.2 Ⓛ Seien $(a_n)_{n\in\mathbb{N}}$, $(a'_n)_{n\in\mathbb{N}}$ Folgen rationaler Zahlen. $(a_n)_{n\in\mathbb{N}}$ sei vom positiven Typ und $(a'_n)_{n\in\mathbb{N}} \sim (a_n)_{n\in\mathbb{N}}$. Man zeige direkt: Dann ist auch $(a'_n)_{n\in\mathbb{N}}$ vom positiven Typ.

B.4   Der Dedekindsche Satz

B.4.1 Ⓗ Man zeige direkt, dass die reellen Zahlen die Archimedische Eigenschaft besitzen.

B.5   Das Hilbertsche Programm

B.5.1 (i)   Man zeige, dass die Menge $\{\,1\,\} \cup \{\,x \in \mathbb{R} \mid x \geq 2\,\}$ induktiv ist.

(ii) Ⓗ Man zeige: Es gibt kein $m \in \mathbb{N} : 1 < m < 2$.

B.5.2 Man zeige, dass die folgenden Mengen induktiv sind:

(i) $\{\,n \in \mathbb{N} \mid n - 1 \in \mathbb{N}\,\}$,

(ii) Ⓗ $\{\,n \in \mathbb{N} \mid$ es gibt kein $m \in \mathbb{N} : n < m < n + 1\,\}$.

B.5.3 Ⓗ Sei $n \in \mathbb{N}$. Man zeige: Zwischen n und $n + 1$ liegt keine natürliche Zahl.

C   Elementare komplexe Analysis

C.1   Komplexe Zahlen

C.1.1 Man bestimme den Real- und Imaginärteil der Zahlen

(i) z^3,

(ii) $\bar{z}^{-1}$ für $\bar{z} \neq 0$,

(iii) $(1 + i)^n + (1 - i)^n$, $n \in \mathbb{N}$,

(iv) $\dfrac{z + 1}{z - 1}$, $z \neq 1$.

C.1.2 Man beweise für zwei komplexe Zahlen z, z' die Gleichung

$$|z + z'|^2 + |z - z'|^2 = 2|z|^2 + 2|z'|^2$$

und gebe eine geometrische Interpretation.

C.1.3 Sei $d(z, z') := \frac{|z-z'|}{1+|z-z'|}$ für $z, z' \in \mathbb{C}$. Man zeige: d definiert eine Metrik auf $\mathbb{C}$. Man gebe die Kreisscheiben

$$K_r(a) := \{\, z \in \mathbb{C} \mid d(z, a) < r \,\}$$

für $a \in \mathbb{C}$ und $r > 0$ an.

C.1.4 Man betrachte die Menge aller Punkte $z \in \mathbb{C}$, so dass

(i) $\left|\dfrac{1}{z}\right| > 1$,

(ii) $\mathrm{Re}\left(\dfrac{1}{z}\right) = 1$,

(iii) $\mathrm{Re}(z^2) \leq 3$,

(iv) $\mathrm{Im}(z^2) < 2$,

(v) $|z - u| + |z - b| \leq 1$, $a, b \subset \mathbb{C}$,

(vi) $\left|\dfrac{z-1}{z+1}\right| < 1$,

(vii) $\left|\dfrac{z-i}{z+i}\right| < 1$,

(viii) $\left|\dfrac{z-a}{z-b}\right| = c,\ a, b \in \mathbb{C},\ 0 < c < 1$,

(ix) $\left|\dfrac{z-a}{z \cdot \overline{a} - 1}\right| < 1$ für $|a| < 1$,

(x) $|z| = 4\,|z - 1|$,

(xi) $|z| = 1 + |z - 2|$.

Man schreibe diese Gleichungen oder Ungleichungen in reellen Koordinaten und zeichne die Mengen.

C.1.5 Seien

$$A := \left\{\, z \in \mathbb{C} \,\middle|\, |z|^2 + \operatorname{Im} z < 1 \,\right\},$$
$$B := \left\{\, z \in \mathbb{C} \,\middle|\, \operatorname{Re} z - 3 \operatorname{Im} z < -6 \,\right\}.$$

Man bestimme dist (A, B).

C.1.6 Seien $a_{k\ell} \in \mathbb{C}$ mit $a_{k\ell} = \overline{a_{\ell k}}$, $k, \ell = 1, 2$. Dann gilt

$$\sum_{k,\ell=1}^{n} a_{k\ell} z_k \overline{z}_\ell \geq 0$$

genau dann, wenn $a_{11}, a_{22} \geq 0$ und $a_{11} a_{22} - |a_{12}|^2 \geq 0$.

C.1.7 Für $a_1, \ldots, a_4, b_1, \ldots, b_4 \in \mathbb{R}$ gilt die Identität

$$\left(a_1^2 + \ldots + a_4^2\right)\left(b_1^2 + \ldots + b_4^2\right) = c_1^2 + \ldots + c_4^2$$

mit

$$c_1 = a_1 b_1 + a_2 b_2 + a_3 b_3 + a_4 b_4,$$
$$c_2 = a_1 b_2 - a_2 b_1 + a_3 b_4 - a_4 b_3,$$
$$c_3 = a_1 b_3 - a_2 b_4 - a_3 b_1 + a_4 b_2,$$
$$c_4 = a_1 b_4 + a_2 b_3 - a_3 b_2 - a_4 b_1.$$

C.1.8 Man berechne einen Ausdruck in n für

(i) Ⓗ $\sum\limits_{k=0}^{2n} (-1)^k \binom{2n}{2k}$,

(ii) $\sum\limits_{k=1}^{2n} (-1)^k \binom{2n}{2k-1}$.

C.1.9 Man bestimme die Häufungspunkte der Folgen $(a_n)_{n \in \mathbb{N}}$,

(i) $a_n := i^n$,

(ii) $a_n := \left(\dfrac{1+i}{\sqrt{2}} \right)^n$.

(iii) $a_n := \left(\dfrac{1 + i\sqrt{3}}{2} \right)^n$.

C.1.10 Man bestimme den Grenzwert der durch

$$a_{n+1} = \frac{1}{2}\left(a_n + \frac{1}{a_n} \right) \text{ für } n \in \mathbb{N}$$

rekursiv definierten Folge. Dabei gelte für den Startwert $\operatorname{Re} a_1 > 0$.

C.2   Unendliche Reihen komplexer Zahlen

C.2.1 Man bestimme die Konvergenzradien der folgenden Potenzreihen:

(i) $\sum\limits_{k=0}^{\infty} \dfrac{z^k}{\sqrt{k+2}}$,

(ii) $\sum\limits_{k=1}^{\infty} \dfrac{2^k}{k} z^{3k}$,

(iii) $\sum\limits_{k=0}^{\infty} z^{k!}$,

(iv) Ⓛ $\sum\limits_{k=0}^{\infty} \dfrac{z^k}{(2+i)^k}$,

(v) $\sum\limits_{k=1}^{\infty} \dfrac{z^k}{\left(k + \frac{i}{k}\right)^k}$,

(vi) $\displaystyle\sum_{k=1}^{\infty} k^{(\log k)^2} z^k$.

C.2.2 Man gebe Beispiele von Potenzreihen $P(z) = \displaystyle\sum_{k=0}^{\infty} a_k z^k$ mit Konvergenzradius 1 derart an, dass $P(z)$

(i)   für alle $z \in \mathbb{C}$ mit $|z| = 1$ konvergiert;

(ii) für alle $z \in \mathbb{C}$ mit $|z| = 1$ divergiert;

(iii) für einige $z \in \mathbb{C}$ mit $|z| = 1$ konvergiert und für andere divergiert.

C.2.3 Sei $(a_k)_{k\in\mathbb{N}}$ eine Folge komplexer Zahlen mit $\operatorname{Re} a_k \geq 0$. Ferner konvergiere $\sum_{k=1}^{\infty} a_k$ und $\sum_{k=1}^{\infty} a_k^2$. Man beweise, dass dann auch $\sum_{k=1}^{\infty} |a_k|^2$ konvergiert.

C.2.4 Es sei $a_{k\ell} := \frac{1}{k+i\ell}$ für $k, \ell \in \mathbb{N}$. Für welche $p \in \mathbb{N}$ konvergiert die Doppelreihe

$$\sum_{k,\ell=1}^{\infty} a_{k\ell}^{p}$$

absolut?

C.3   Komplexe Polynome und rationale Funktionen

C.3.1 (i) Ⓛ Sei $a \in \mathbb{C}$. Man bestimme die Wurzeln der Gleichung

$$z^2 = a.$$

(ii) Man zeige: Jedes komplexe Polynom zweiten Grades besitzt eine Nullstelle.

C.4   Komplexe Funktionen

C.4.1 Man betrachte die Funktionen

(i)   Ⓗ $f_1(z) := \dfrac{\operatorname{Re} z}{1 + |z|}$,

(ii) $f_2(z) := \dfrac{\operatorname{Re} z}{|z|}$,

(iii) $f_3(z) := \dfrac{(\operatorname{Re} z)^2}{|z|}$,

(iv) $f_4(z) := \dfrac{\mathrm{Re}(z^2)}{|z^2|}$,

(v) $f_5(z) := \dfrac{(\mathrm{Re}\, z^2)^2}{|z^2|}$

für $z \in \mathbb{C}$, $z \neq 0$ und definiere $f_k(0) := 0$ für $k = 1, \ldots, 5$. Welche dieser Funktionen ist in 0 stetig ergänzt worden?

C.5 Komplex differenzierbare Funktionen

C.5.1 Für $z = x + iy \in \mathbb{C}$ sei $\overline{z} = x - iy$. Sei $f : \mathbb{C} \to \mathbb{C}$ holomorph. Man zeige, dass auch $g(z) := \overline{f(\overline{z})}$ in $\mathbb{C}$ holomorph ist.

C.5.2 (T) Sei $f : \mathbb{C} \to \mathbb{C}$ holomorph. Man zeige, dass dann die folgenden Aussagen äquivalent sind:

(i) $\mathrm{Re}\, f = \mathrm{const}$,

(ii) $f = \mathrm{const}$,

(iii) $|f| = \mathrm{const}$,

(iv) $\overline{f}$ ist in $\mathbb{C}$ holomorph.

C.5.3 In welchen Punkten ist $f(z) = |z|^2$ komplex differenzierbar?

C.5.4 Die Menge der komplexen Zahlen $z = x + iy$, $x, y \in \mathbb{R}$, deren Realteil x nicht verschwindet, ist kein Gebiet in $\mathbb{C}$.

C.6 Die Exponentialfunktion

C.6.1 Man zeige, dass $|\exp z| = \exp(\mathrm{Re}\, z)$ für alle $z \in \mathbb{C}$ und folgere hieraus, dass $|\exp(it)|^2 = 1$ für alle $t \in \mathbb{R}$.

C.6.2 (L) Man bestimme $\inf\limits_{|z| \leq r} |\exp z|$.

C.7   Die trigonometrischen Funktionen

C.7.1 Man bestimme $\sup_{\substack{|\operatorname{Re} z| \le r \\ |\operatorname{Im} z| \le r}} |\sin z|$.

C.7.2 (i) (L) Für alle $z \in \mathbb{C}$, $z \ne k\pi$, $k \in \mathbb{Z}$ und für alle $n \in \mathbb{N}$ zeige man die Identität

$$\sum_{k=1}^{n} \exp(2ikz) = \frac{\sin nz}{\sin z} \exp(i(n+1)z).$$

(ii) Hieraus leite man geschlossene Ausdrücke für die Summen $\sum_{k=1}^{n} \cos kz$ und $\sum_{k=1}^{n} \sin kz$ her.

C.7.3 Für die komplexen Zahlen

$$a_1 := \frac{1+i}{\sqrt{2}}, \quad a_2 := \sqrt{3} - i$$

bestimme man $r_1, r_2 \in \mathbb{R}^+$, $-\pi < \varphi_1, \varphi_2 \le +\pi$ mit

$$z_1 \cdot z_2 = r_1(\cos \varphi_1 + i \sin \varphi_1),$$
$$\frac{z_1}{z_2} = r_2(\cos \varphi_2 + i \sin \varphi_2).$$

C.8   Der Logarithmus und die allgemeine Potenz

C.8.1 Für alle $\mu \in \mathbb{C}$ und $|z| < 1$ zeige man, dass

$$(1+z)^{\mu} = \sum_{k=0}^{\infty} \binom{\mu}{k} z^k.$$

C.8.2 (L) Man gebe alle Werte von i^i an.

C.9   Der Fundamentalsatz der Algebra

C.9.1 Eine komplexe Zahl ε heißt n-te Einheitswurzel, wenn $\varepsilon^n = 1$ ist. Man zeige:

(i) $1 + \varepsilon + \varepsilon^2 + \ldots + \varepsilon^{n-1} = \begin{cases} n & \text{für } \varepsilon = 1 \\ 0 & \text{für } \varepsilon \neq 1. \end{cases}$

(ii) Das Produkt aller n-ten Einheitswurzeln ist gleich $(-1)^{n+1}$, die Summe ist gleich 0.

(iii) Man drücke die 3. und 4. Einheitswurzeln durch Quadratwurzeln aus.

C.9.2 Ⓣ Man zeige: Zu jedem Polynom $P(z) = \sum\limits_{k=0}^{n} a_k z^k$ vom Grade $n \geq 1$ und jedem $\varepsilon > 0$ gibt es ein $R > 0$, so dass für alle $|z| > R$ gilt:

$$(1 - \varepsilon)\,|a_n|\,|z|^n < |P(z)| < (1 + \varepsilon)\,|a_n|\,|z|^n.$$

C.9.3 Sei $n \in \mathbb{N}_0$ und $z \in \mathbb{C}$. Man bestimme alle Lösungen der Gleichung $\bar{z} = z^n$.

C.10   Integration komplexer Funktionen

C.10.1 Man berechne die Partialbruchzerlegungen von

(i) $\dfrac{z^6 + 1}{z^4 - z^2 - 2z + 2}$,

(ii) $\dfrac{1}{z^4 - 2z^2 + 1}$,

(iii) Ⓛ $\dfrac{z}{z^4 + 4}$,

(iv) $\dfrac{1}{z^5 - z^4 + 2z^3 - 2z^2 + z - 1}$

nach dem in Satz C.3.6 beschriebenen Verfahren und integriere die Darstellungen.

C.10.2 Es sei $R(z) = \frac{P(z)}{Q(z)}$ eine rationale Funktion. $P(z)$ und $Q(z)$ seien zwei komplexe Polynome vom Grad m und n mit $m \le n - 2$. Seien $z_1, \ldots, z_k$ die paarweise verschiedenen Nullstellen von $Q(z)$ und $c_1, \ldots, c_k$ seien die zugehörigen Residuen. Es sei $Q(x) \ne 0$ für $x \in \mathbb{R}$. Man zeige: Dann existiert das uneigentliche Integral $\int_{-\infty}^{+\infty} R(x)\,dx$ und es gelten die Gleichungen

$$\int_{-\infty}^{+\infty} R(x)\,dx = 2\pi i \sum_{j:\operatorname{Im} c_j > 0} c_j \text{ und } \sum_{j=1}^{k} c_j = 0.$$

C.10.3 Man betrachte das uneigentliche Integral

$$\Gamma(z) := \int_{0}^{\infty} t^{z-1} e^{-t}\,dt \text{ für } \operatorname{Re} z > 0$$

und zeige die folgenden Behauptungen:

(i) $\Gamma(z)$ existiert für alle $z \in \mathbb{C}$, $\operatorname{Re} z > 0$,

(ii) $\Gamma(z+1) = z\Gamma(z)$ für alle $z \in \mathbb{C}$, $\operatorname{Re} z > 0$,

(iii) $\Gamma(n+1) = n!$ für alle $n \in \mathbb{N}_0$.

Teil II

Lösungen und Hinweise

0 Mengen, Relationen und Abbildungen

0.1 Naive Mengenlehre

0.1.1 (i) Es gibt ein Element $a \in A$, welches eine ungerade Zahl ist.

(iii) Die logische Negation der Aussage lautet: Es gibt ein Element $a \in A$, welches nicht durch 4 oder nicht durch 5 teilbar ist. Dies ist aber äquivalent zu: Es gibt ein Element $a \in A$, welches nicht durch 20 teilbar ist. (Denn eine Zahl ist genau dann durch 4 und durch 5 teilbar, wenn sie durch 20 teilbar ist.)

0.1.2 (i) Falls n von der Form $n = 4 \cdot k, k \in \mathbb{N}$ ist, dann ist n eine gerade natürliche Zahl.

(iii) n ist eine gerade natürliche Zahl ist notwendig dafür, dass n von der Form $n = 4 \cdot k, k \in \mathbb{N}$ ist. (Ist n von der Form $n = 4 \cdot k, k \in \mathbb{N}$, dann ist n notwendigerweise eine gerade natürliche Zahl.)

0.1.3 (i) „$\Rightarrow$": Sei $X \cup Y = Y$. Zu zeigen ist, dass $X \subset Y$. Um dies zu beweisen, wählen wir $x \in X$. Dann ist $x \in X \cup Y = Y$ (nach Voraussetzung), also $x \in X \Rightarrow x \in Y$, womit die behauptete Inklusion $X \subset Y$ bewiesen ist.

„$\Leftarrow$": Sei $X \subset Y$. Wir behaupten, dass dann $X \cup Y = Y$ gilt. Sei $x \in X \cup Y$. Dann ist $x \in X$ oder $x \in Y$. Ist $x \in X$, so folgt aus der Voraussetzung, dass dann $x \in Y$, was im anderen Fall sowieso gilt. Also folgt aus $x \in X \cup Y$ in jedem Fall, dass $x \in Y$, womit die Inklusion $X \cup Y \subset Y$ bewiesen ist. Natürlich gilt immer die Inklusion $Y \subset X \cup Y$ und deshalb insgesamt die Gleichheit $X \cup Y = Y$, womit alles gezeigt ist.

0.1.4 (i) (I) Wir zeigen zunächst die Inklusion

$$X \cup (Y \cap Z) \subset (X \cup Y) \cap (X \cup Z).$$

Es gilt

$$x \in X \cup (Y \cap Z) \Leftrightarrow x \in X \text{ oder } x \in Y \cap Z.$$

1. Fall: Gilt $x \in X$, so folgt, dass $x \in X \cup Y$ und $x \in X \cup Z$, weil beides Obermengen von X sind, also dass $x \in (X \cup Y) \cap (X \cup Z)$.

2. Fall: Gilt $x \in Y \cap Z$, so ist $x \in Y$ und $x \in Z$, also $x \in Y \cup X$ und $x \in Z \cup X$ und damit $x \in (X \cup Y) \cap (X \cup Z)$, und die behauptete Inklusion ist gezeigt.

(II) Um die umgekehrte Inklusion zu zeigen, wählen wir $x \in (X \cup Y) \cap (X \cup Z)$. Dann gilt $x \in X \cup Y$ und $x \in X \cup Z$. Wir unterscheiden nun zwei disjunkte Fälle, d. h. es gilt entweder der 1. Fall oder es gilt der 2. Fall:

1. Fall: Ist $x \in X$, so gilt natürlich, dass $x \in X \cup (Y \cap Z)$, weil dies eine Obermenge von X ist.

2. Fall: Ist $x \notin X$, so folgt aus $x \in X \cup Y$, dass dann $x \in Y$ und genauso aus $x \in X \cup Z$, dass $x \in Z$ gilt. Somit gehört in diesem Fall x zu Y und zu Z, also gilt

$$x \in Y \cap Z \subset (Y \cap Z) \cup X.$$

In jedem Fall ist also $x \in X \cup (Y \cap Z)$, womit auch die Inklusion

$$(X \cup Y) \cap (X \cup Z) \subset X \cup (Y \cap Z)$$

und somit insgesamt die Gleichheit

$$(X \cup Y) \cap (X \cup Z) = X \cup (Y \cap Z)$$

gezeigt ist.

(iii) Zunächst gilt

$$x \notin X \cup Y \Leftrightarrow x \notin X \text{ und } x \notin Y.$$

Deshalb haben wir die Äquivalenzen

$$\begin{aligned}
x \in Z \smallsetminus (X \cup Y) &\Leftrightarrow x \in Z \text{ und } x \notin X \cup Y \\
&\Leftrightarrow x \in Z \text{ und } x \notin X \text{ und } x \notin Y \\
&\Leftrightarrow x \in Z \smallsetminus X \text{ und } x \in Z \smallsetminus Y \\
&\Leftrightarrow x \in (Z \smallsetminus X) \cap (Z \smallsetminus Y),
\end{aligned}$$

weshalb

$$Z \smallsetminus (X \cup Y) = (Z \smallsetminus X) \cap (Z \smallsetminus Y).$$

0.1.5 (i) Zunächst gilt

$$x \in X \smallsetminus Y \Leftrightarrow x \in X \text{ und } x \notin Y$$

und deshalb

$$x \notin X \smallsetminus Y \Leftrightarrow x \notin X \text{ oder } x \in Y.$$

Daher können wir schließen:

$$\begin{aligned}
x \in X \smallsetminus (X \smallsetminus Y) &\Leftrightarrow x \in X \text{ und } x \notin X \smallsetminus Y \\
&\Leftrightarrow x \in X \text{ und } x \notin X \text{ oder } x \in Y \\
&\Leftrightarrow x \in X \text{ und } x \in Y \\
&\Leftrightarrow x \in X \cap Y,
\end{aligned}$$

womit die Mengengleichheit

$$X \smallsetminus (X \smallsetminus Y) = X \cap Y$$

gezeigt ist.

0.1.7 (i) Es gelten die Äquivalenzen

$$x \in \left(\bigcup_{n=1}^{\infty} X_n \right) \smallsetminus \left(\bigcup_{m=1}^{\infty} Y_m \right)$$

$$\Leftrightarrow x \in \left(\bigcup_{n=1}^{\infty} X_n \right) \text{ und } x \notin \left(\bigcup_{m=1}^{\infty} Y_m \right)$$

$$\Leftrightarrow \exists n \in \mathbb{N}: x \in X_n \text{ und } \forall m \in \mathbb{N}: x \notin Y_m$$

$$\Leftrightarrow \forall m \in \mathbb{N} \ \exists n \in \mathbb{N} \text{ (welches evt. von m abhängig ist): } x \in X_n \smallsetminus Y_m$$

$$\Leftrightarrow \forall m \in \mathbb{N}: x \in \bigcup_{n=1}^{\infty} (X_n \smallsetminus Y_m)$$

$$\Leftrightarrow x \in \bigcap_{m=1}^{\infty} \left(\bigcup_{n=1}^{\infty} (X_n \smallsetminus Y_m) \right).$$

Damit ist die Mengengleichheit

$$\left(\bigcup_{n=1}^{\infty} X_n \right) \smallsetminus \left(\bigcup_{m=1}^{\infty} Y_m \right) = \bigcap_{m=1}^{\infty} \left(\bigcup_{n=1}^{\infty} (X_n \smallsetminus Y_m) \right)$$

gezeigt.

0.1.8 (i) Es gilt

$$x \in \bigcap_{n=1}^{\infty} \left(\bigcup_{m=1}^{\infty} X_{nm} \right)$$

$$\Leftrightarrow \forall n \in \mathbb{N} \ \exists m \in \mathbb{N} \text{ (welches evt. von } n \text{ abhängig ist): } x \in X_{nm}$$

$$\Leftrightarrow \exists \text{ Zahlen } m_1, m_2, m_3, \ldots : x \in X_{1m_1}, x \in X_{2m_2}, x \in X_{3m_3}, \ldots$$

$$\Leftrightarrow \exists m_1, m_2, m_3, \ldots : \forall n \in \mathbb{N}: x \in X_{nm_n}$$

$$\Leftrightarrow \exists m_1, m_2, m_3, \ldots : x \in \bigcap_{n=1}^{\infty} X_{nm_n}$$

$$\Leftrightarrow x \in \bigcup_{m_1, m_2, m_3, \ldots} \left(\bigcap_{n=1}^{\infty} X_{nm_n} \right),$$

womit die behauptete Identität

$$\bigcap_{n=1}^{\infty} \left(\bigcup_{m=1}^{\infty} X_{nm} \right) = \bigcup_{m_1, m_2, m_3, \ldots} \left(\bigcap_{n=1}^{\infty} X_{nm_n} \right)$$

bewiesen ist.

0.2   Geordnete Paare und Relationen

0.2.1 Hinweis: Man betrachte zum Beispiel die Mengen $X = \{\{1\},\{2\}\}$ und $Y = \{1,2\}$.

0.2.2 (i) Es gilt

$$x = (x_1, x_2) \in (X \cap Y) \times Z$$
$$\Leftrightarrow x_1 \in X \cap Y \text{ und } x_2 \in Z$$
$$\Leftrightarrow x_1 \in X \text{ und } x_1 \in Y \text{ und } x_2 \in Z$$
$$\Leftrightarrow (x_1, x_2) \in X \times Z \text{ und } (x_1, x_2) \in Y \times Z$$
$$\Leftrightarrow x = (x_1, x_2) \in (X \times Z) \cap (Y \times Z),$$

womit die Behauptung bewiesen ist.

0.3   Abbildungen

0.3.1 (I) $f_1 := \{(x,y) \in I \times \mathbb{R} \mid x^2 + y^2 = 1\}$ definiert keine Funktion von I nach $\mathbb{R}$, denn es gilt $(0,1) \in f_1$ und $(0,-1) \in f_1$, womit der vertikale Linientest verletzt ist: $\exists x \in I$, nämlich $x = 0$ und zwei $y_1, y_2 \in \mathbb{R}$, $y_1 \neq y_2$, nämlich $y_1 = 1$, $y_2 = -1$ mit $(x, y_1) \in f_1$ und $(x, y_2) \in f_2$.

(II) $f_2 := \{(x,y) \in I \times \mathbb{R} \mid y - x^3 = 0\}$ definiert eine Funktion von I nach $\mathbb{R}$, denn

- $\forall x \in I \; \exists y \in \mathbb{R}$, nämlich $y := x^3$ mit $(x,y) \in f_2$,
- $\forall y, y' \in \mathbb{R} : (x,y) \in f_2$ und $(x,y') \in f_2 \Rightarrow y = x^3 = y'$.

Also gilt der vertikale Linientest.

(III) $f_3 := \{(x,y) \in I \times \mathbb{R} \mid y^3 - xy = 0\}$ definiert keine Funktion von I nach $\mathbb{R}$, denn $(1,1) \in f_3$ und $(1,-1) \in f_3$.

(IV) $f_4 := \{(x,y) \in I \times \mathbb{R} \mid y^2 - 2y + 1 = 0\}$ definiert eine Funktion von I nach $\mathbb{R}$, denn es gilt

$$0 = y^2 - 2y + 1 = (y-1)^2 \Leftrightarrow y = 1.$$

Damit ist $f_4 = \{(x,y) \in I \times \mathbb{R} \mid y = 1\}$ und es gilt der vertikale Linientest, nämlich: $\forall x \in I \; \exists! y \in \mathbb{R}$, nämlich $y = 1$ mit $(x,y) \in f_4$.

(V) Die Relationen

$$g_1 := \{(x,y) \in I \times \mathbb{R} \mid y = 0\},$$
$$g_2 := \{(x,y) \in I \times \mathbb{R} \mid y = \sqrt{x}\},$$
$$g_3 := \{(x,y) \in I \times \mathbb{R} \mid y = -\sqrt{x}\}$$

stellen Funktionen von I nach $\mathbb{R}$ dar. Wegen

$$0 = y^3 - xy = y\left(y^2 - x\right) \Leftrightarrow y = 0 \text{ oder } y^2 - x = 0$$
$$\Leftrightarrow y = 0 \text{ oder } y = +\sqrt{x} \text{ oder } y = -\sqrt{x}$$

gilt offensichtlich, dass $g_1 \cup g_2 \cup g_3 = f_3$.

0.3.2 (i) Sei $A \subset B$. Wir zeigen, dass dann $f(A) \subset f(B)$. Sei $y \in f(A) \cup Y$. Dann gibt es ein $x \in A$ mit $y = f(x)$. Wegen $A \subset B$ ist $x \in B$, weshalb es ein $x \in B$ gibt mit $y = f(x)$, d. h. $y \in f(B)$, womit die Behauptung bewiesen ist.

(iii) Wir zeigen, dass $f(A \cap B) \subset f(A) \cap f(B)$. Sei $y \in f(A \cap B)$. Dann gibt es ein $x \in A \cap B$ mit $y = f(x)$. Also gibt es ein $x_A \in A$, nämlich $x_A = x$ mit $y = f(x_A)$, und es gibt ein $x_B \in B$, nämlich $x_B = x$ mit $y = f(x_B)$. Das bedeutet aber, dass $y \in f(A)$ und $y \in f(B)$, d. h. $y \in f(A) \cap f(B)$, womit alles gezeigt ist.

0.3.3 (i) Sei $A' \subset B'$. Wir behaupten, dass dann $f^{-1}(A') \subset f^{-1}(B')$ gilt. Sei $x \in f^{-1}(A')$. Das bedeutet, dass $f(x) \in A'$. Wegen $A' \subset B'$ gilt $f(x) \in B'$ und deshalb $x \in f^{-1}(B')$ wie behauptet.

(iii) Wir zeigen, dass $f^{-1}(A' \cap B') = f^{-1}(A') \cap f^{-1}(B')$: Es gelten die Äquivalenzen

$$x \in f^{-1}(A' \cap B') \Leftrightarrow f(x) \in A' \cap B'$$
$$\Leftrightarrow f(x) \in A' \text{ und } f(x) \in B'$$
$$\Leftrightarrow x \in f^{-1}(A') \text{ und } x \in f^{-1}(B')$$
$$\Leftrightarrow x \in f^{-1}(A') \cap f^{-1}(B'),$$

woraus die Behauptung folgt.

0.3.4 (i) Es gilt $(g \circ f)(A) = g(f(A))$: Wir haben die Äquivalenzen

$$z \in (g \circ f)(A) \Leftrightarrow \exists x \in A : z = (g \circ f)(x) = g(f(x))$$
$$\Leftrightarrow \exists x \in A : z \in g(\{\, f(x)\,\}) \subset g(f(A))$$

nach Aufgabe 0.3.2(i), denn wegen $x \in A$ gilt $f(x) \in f(A)$ und deshalb $\{\, f(x)\,\} \subset f(A)$.

0.4   Injektive, surjektive und bijektive Abbildungen

0.4.1 (i) $f : X \to Y$ ist injektiv

$\Leftrightarrow \forall y \in Y$ gibt es höchstens ein $x \in X$ mit $y = f(x)$

$\Leftrightarrow \forall y \in Y$ gibt es höchstens ein $(x, y) \in X \times \{\, y \,\}$ mit $y = f(x)$

$\Leftrightarrow \forall y \in Y$ gibt es höchstens ein $(x, y) \in (X \times \{\, y \,\}) \cap f$

$\Leftrightarrow \forall y \in Y$ enthält die Menge $(X \times \{\, y \,\}) \cap f$ höchstens ein Element.

0.4.2 (i) (I) $f := \{\, (a, d'), (b, b'), (c, a'), (d, d'), (e, a') \,\}$ ist eine Abbildung von X nach Y. f ist nicht injektiv, denn es gilt

$$d' = f(a) = f(d),$$

d. h. $d' \in Y$ besitzt zwei (verschiedene) Urbilder, nämlich a und d. f ist nicht surjektiv, denn $c' \in Y$ besitzt kein Urbild: Die Paare (a, c'), (b, c'), (c, c'), (d, c'), (e, c') gehören alle nicht zu f. Damit ist f auch nicht bijektiv.

(II) $g := \{\, (a, e'), (b, c'), (c, d'), (d, b'), (e, a') \,\}$ ist eine injektive und surjektive, also auch bijektive Abbildung. Jedes $y \in Y$ besitzt genau ein Urbild, nämlich $g^{-1}(\{\, a' \,\}) = e, \ldots, g^{-1}(\{\, e' \,\}) = a$. Die inverse Abbildung lautet

$$g^{-1} = \{\, (a', e), (b', d), (c', b), (d', c), (e', a) \,\}.$$

0.4.4 (i) Sei $x \in A$. Setze $y := f(x)$. Dann ist $x \in f^{-1}(\{\, y \,\})$ und $y \in f(\{\, x \,\}) \subset f(A)$, also gilt $\{\, y \,\} \subset f(A)$. Mit Aufgabe 0.3.3(i) folgt, dass

$$x \in f^{-1}(\{\, y \,\}) \subset f^{-1}(f(A)),$$

was zu zeigen war.

Sei $x \in f^{-1}(f(A))$. Dann gibt es ein $y \in f(A)$ mit $y = f(x)$. Aus $y \in f(A)$ folgt aber, dass es ein $x' \in A$ gibt mit $y = f(x')$. Ist f injektiv, so folgt, dass $x = x' \in A$ ist, womit alles gezeigt ist.

0.4.6 (i) Sei f injektiv. Wir definieren eine Abbildung $g_\ell : Y \to X$ wie folgt: Für jedes $y \in \operatorname{Im} f$ sei $g_\ell(y) := x$, wobei $x \in X$ das eindeutig bestimmte Urbild von y ist. Ist $y \notin \operatorname{Im} f$, so sei $g_\ell(y) := x_0$ mit einem festen $x_0 \in X$. Dann folgt für jedes $x \in X$:

$$(g_\ell \circ f)(x) = g_\ell(f(x)) = g_\ell(y) = x = \operatorname{id}_X(x),$$

d. h. es gilt $g_\ell \circ f = \operatorname{id}_X$. g_ℓ ist also linksinvers zu f.

Umgekehrt folgt aus der Relation $g_\ell \circ f = \operatorname{id}_X$, dass f injektiv ist.

(ii) Sei f surjektiv. Wir definieren dann eine Abbildung $g_r : Y \to X$ wie folgt: Für jedes $y \in Y$ sei $g_r(y) := x$, wobei $x \in X$ ein beliebiges, aber fest gewähltes Urbild von y ist. Dann gilt für alle $y \in Y$

$$(f \circ g_r)(y) = f(g_r(y)) = f(x) = y = \mathrm{id}_Y(y),$$

d. h. es gilt $f \circ g_r = \mathrm{id}_Y$. g_r ist also rechtsinvers zu f.

Umgekehrt folgt aus $f \circ g_r = \mathrm{id}_Y$, dass f surjektiv ist.

1 Grundlagen der Analysis

1.1 Die natürlichen Zahlen und das Induktionsprinzip

1.1.1 (i) Beweis von

$$\sum_{k=1}^{n} k^2 = \frac{n(n+1)(2n+1)}{6} \tag{1.1}$$

für alle $n \in \mathbb{N}$ durch vollständige Induktion über n:

(I) *Induktionsanfang:* Wegen $\sum_{k=1}^{n} k^2 = 1 = \frac{1 \cdot (1+1)(2 \cdot 1+1)}{6}$ gilt die Formel (1.1) für $n = 1$.

(II) *Induktionsschluss:* Sei $n \in \mathbb{N}$, und sei die Formel (1.1) für dieses n richtig. Aus dieser Induktionsannahme folgt, dass

$$\begin{aligned}
\sum_{k=1}^{n+1} k^2 &= \sum_{k=1}^{n} k^2 + (n+1)^2 \\
&= \frac{n(n+1)(2n+1)}{6} + (n+1)^2 \\
&= \frac{(n+1)(2n^2 + 7n + 6)}{6} \\
&= \frac{(n+1)(n+2)(2(n+1)+1)}{6}.
\end{aligned}$$

Damit ist die Formel (1.1) auch für $n+1$ richtig.

(III) Nach dem Induktionsprinzip gilt (1.1) daher für alle $n \in \mathbb{N}$.

(iv) Für alle $n \in \mathbb{N}$ gilt:

$$\sum_{k=1}^{2n} \frac{(-1)^{k+1}}{k} = \sum_{k=1}^{n} \frac{1}{n+k}. \tag{1.2}$$

Beweis durch vollständige Induktion über n:

(I) *Induktionsanfang:* Für $n = 1$ gilt (1.2) wegen

$$\sum_{k=1}^{2} \frac{(-1)^{k+1}}{k} = 1 - \frac{1}{2} = \frac{1}{2} = \sum_{k=1}^{1} \frac{1}{n+k}.$$

(II) *Induktionsschluss:* Sei $n \in \mathbb{N}$, und sei (1.2) für dieses n wahr. Hieraus folgt, dass

$$\sum_{k=1}^{2(n+1)} \frac{(-1)^{k+1}}{k} = \sum_{k=1}^{2n} \frac{(-1)^{k+1}}{k} + \frac{1}{2n+1} - \frac{1}{2n+2}$$

$$= \sum_{k=1}^{n} \frac{1}{n+k} + \frac{1}{2n+1} - \frac{1}{2n+2}$$

$$= \sum_{k=0}^{n-1} \frac{1}{n+k+1} + \frac{1}{2n+1} - \frac{1}{2n+2}$$

$$= \sum_{k=1}^{n+1} \frac{1}{n+k+1} + \frac{1}{n+1} - \frac{2}{2n+2}$$

$$= \sum_{k=1}^{n+1} \frac{1}{(n+1)+k},$$

d. h. (1.2) gilt auch für $n+1$.

(III) Nach dem Induktionsprinzip gilt (1.2) daher für alle $n \in \mathbb{N}$.

1.1.2 (i) $n = 1$ oder $n \geq 5$.

(ii) (I) Zunächst zeigt man durch vollständige Induktion über p, dass

$$2p + 3 \leq p^2 + 2p \leq 2^{p+1} \text{ für } p \in \mathbb{N}, \, p \geq 2.$$

(II) Sei $p \in \mathbb{N}$, $p \geq 2$. Wegen Teil (I) gilt dann für alle $n \in \mathbb{N}$ mit

$$2^{p+1} \leq n < 2^{p+2},$$

dass

$$n^p < \left(2^{p+2}\right)^p = 2^{p(p+2)} \leq 2^{\left(2^{p+1}\right)} \leq 2^n.$$

(III) Ist $n \geq 2^{p+2}$, so betrachte man die Progression

$$2^{p+2} = 2^{(p+1)+1} < 2^{(p+1)+2} = 2^{(p+2)+1} < 2^{(p+2)+2} = 2^{(p+3)+1} < \ldots .$$

Deshalb gibt es genau ein $p' \in \mathbb{N}$, $p' \geq p+1$ mit

$$2^{p'+1} \leq n < 2^{p'+2}.$$

Mit Teil (II) folgt, dass

$$n^p < n^{p'} < 2^n.$$

(IV) Insgesamt gilt also die Ungleichung $n^p < 2^n$ für alle $n \in \mathbb{N}$, $n \geq N :=$ 2^{p+1}.

Vergleiche auch die Lösung der Aufgabe 2.3.10 für einen alternativen Beweis einer verschärften Version oder auch die folgende Alternative:

(ii)' (I) Zunächst zeigt man die folgenden Hilfsbehauptungen durch vollständige Induktion über p für alle $p \in \mathbb{N}$:

$$p + 1 \leq 2^p, \tag{1.3}$$

$$p^2 \leq 20^{p-1}, \tag{1.4}$$

$$\sum_{k=0}^{p} \frac{k+1}{20^k} \leq p + 1, \tag{1.5}$$

$$\left(1 + \frac{1}{20^p}\right)^p \leq \sum_{k=0}^{p} \frac{k+1}{20^k}. \tag{1.6}$$

Der Induktionsschritt des Beweises von (1.6) geschieht mit Hilfe von (1.5) folgendermaßen:

$$\left(1 + \frac{1}{20^{p+1}}\right)^{p+1} \leq \left(1 + \frac{1}{20^p}\right)^p \left(1 + \frac{1}{20^{p+1}}\right)$$

$$\leq \sum_{k=0}^{p} \frac{k+1}{20^k} + \sum_{k=0}^{p} \frac{k+1}{20^{k+p+1}}$$

$$\leq \sum_{k=0}^{p+1} \frac{k+1}{20^k}.$$

(II) Sei $n = N := 20^p$. Dann folgt aus (1.4), dass

$$n^p = 20^{p^2} < (2^{20})^{20^{p-1}} = 2^{20^p} = 2^n.$$

Damit gilt die Behauptung, nämlich

$$n^p < 2^n \text{ für } n = N.$$

(III) Sei die Behauptung für ein $n \geq N$ wahr. Dann folgt mit Hilfe von (1.6) und (1.3), dass

$$(n+1)^p = \left(\frac{n+1}{n}\right)^p \cdot n^p \leq \left(1 + \frac{1}{20^p}\right)^p \cdot 2^n$$

$$\leq \sum_{k=0}^{p} \frac{k+1}{20^k} \cdot 2^n \leq \sum_{k=0}^{p} \frac{1}{10^k} \cdot 2^n$$

$$= \frac{\overbrace{11\ldots1}^{(p+1)\text{-mal}}}{10^p} \cdot 2^n \leq \frac{2 \cdot 10^p}{10^p} \cdot 2^n = 2^{n+1}.$$

(IV) Nach dem Induktionsprinzip gilt die Behauptung daher für alle $n \geq N$.

1.1.4 Wir berechnen zunächst

$$(k+1)^5 - k^5 = 5k^4 + 10k^3 + 10k^2 + 5k + 1.$$

Summation über k von 1 bis n ergibt

$$(n+1)^5 - 1 = \sum_{k=1}^{n} \left((k+1)^5 - k^5 \right)$$

$$= 5\sum_{k=1}^{n} k^4 + 10\sum_{k=1}^{n} k^3 + 10\sum_{k=1}^{n} k^2 + 5\sum_{k=1}^{n} k + n$$

und hieraus, unter Benutzung der Gaußschen Formel $\sum_{k=1}^{n} k = \frac{n(n+1)}{2}$ sowie der Aufgaben 1.1.1(i) und (ii), dass

$$5\sum_{k=1}^{n} k^4 = (n+1)^5 - (n+1) - 10\left(\frac{n(n+1)}{2}\right)^2$$

$$- 10\frac{n(n+1)(2n+1)}{6} - 5\frac{n(n+1)}{2}$$

$$= \frac{n+1}{6}\left(6(n+1)^4 - 6 - 15n^2(n+1) - 10n(2n+1) - 15n\right)$$

$$= \frac{n(n+1)}{6}\left(6n^3 + 9n^2 + n - 1\right)$$

$$= \frac{n(n+1)(2n+1)(3n^2 + 3n - 1)}{6}$$

$$= \frac{n(n+1)(2n+1)(\sqrt{12}n + \sqrt{3} + \sqrt{7})(\sqrt{12}n + \sqrt{3} - \sqrt{7})}{12}.$$

1.2 Abzählbarkeit

1.2.2 (i) Es gilt

$$X = (X \setminus Y) \dot\cup (X \cap Y),$$
$$Y = (Y \setminus X) \dot\cup (Y \cap X),$$
$$X \cup Y = (X \setminus Y) \dot\cup (Y \setminus X) \dot\cup (X \cap Y),$$

dabei bedeutet $\dot\cup$ disjunkte Vereinigung. Daraus folgt

$$|X| = |X \setminus Y| + |X \cap Y|,$$
$$|Y| = |Y \setminus X| + |Y \cap X|,$$
$$|X \cup Y| = |X \setminus Y| + |Y \setminus X| + |X \cap Y|$$
$$= |X| + |Y| - |X \cap Y|.$$

1.2.4 (i) Hinweis: Man beweise durch vollständige Induktion über n, dass $|\mathcal{P}(X)| = 2^n$ gilt, dabei ist $\mathcal{P}(X) = \{\, A \mid A \subset X \,\}$ die Potenzmenge von X, d. h. die Menge aller Teilmengen von X. Für den Induktionsschritt wähle man ein $x \in X$ und zerlege $\mathcal{P}(X)$ in die Mengen

$$P_1 := \{\, A \mid A \subset X, x \in A \,\}, \; P_2 := \{\, B \mid B \subset X, x \notin B \,\}.$$

(iii) Sei $m = \left[\begin{smallmatrix} n \\ k \end{smallmatrix}\right]$ die Anzahl der k-elementigen Teilmengen von $X = \{\, x_1, \ldots, x_n \,\}$ und sei

$$Y := \{\, A \subset X \mid |A| = k \,\} = \{\, A_1, \ldots, A_m \,\}.$$

Wir betrachten die Menge

$$
\begin{aligned}
R &:= \{\, (x, A) \in X \times Y \mid x \in A \,\} \\
&= \{\, (x, A) \mid x \in A \subset X, |A| = k \,\}.
\end{aligned}
$$

Aufgrund von Aufgabe 1.2.3 gilt dann

$$
\begin{aligned}
|R| &= \sum_{j=1}^{m} |\{\, x \in X \mid (x, A_j) \in R \,\}| = \sum_{j=1}^{m} |\{\, x \in X \mid x \in A_j \,\}| \\
&= \sum_{j=1}^{m} k = km = k \begin{bmatrix} n \\ k \end{bmatrix}.
\end{aligned}
$$

Andererseits ist

$$
\begin{aligned}
|R| &= \sum_{i=1}^{n} |\{\, A \in Y \mid (x_i, A) \in R \,\}| \\
&= \sum_{i=1}^{n} |\{\, A \subset X \mid |A| = k, x_i \in A \,\}| \\
&= \sum_{i=1}^{n} \begin{bmatrix} n-1 \\ k-1 \end{bmatrix} = n \begin{bmatrix} n-1 \\ k-1 \end{bmatrix}.
\end{aligned}
$$

Daraus folgt die Rekursion

$$\begin{bmatrix} n \\ k \end{bmatrix} = \frac{n}{k} \begin{bmatrix} n-1 \\ k-1 \end{bmatrix}$$

für $1 \leq k \leq n$. Mit der Startbedingung $\left[\begin{smallmatrix} n \\ 1 \end{smallmatrix}\right] = n$ folgt, dass

$$\begin{bmatrix} n \\ k \end{bmatrix} = \frac{n(n-1) \cdot \ldots \cdot (n-k+1)}{k!} = \binom{n}{k} \tag{1.7}$$

für $1 \leq k \leq n$. Weil die leere Menge die einzige Menge mit 0 Elementen ist, welche in X enthalten ist, gilt die Bedingung $\binom{n}{0} = 1$ für $n \geq 0$. Insgesamt gilt (1.7) also für $0 \leq k \leq n$.

1.2.6 (I) *Eindeutigkeit:* $a = 0$ besitzt für alle $n \in \mathbb{N}$ (wegen $a_k \geq 0$) nur die Darstellung

$$a = \sum_{k=0}^{n} a_k q^k \text{ mit } a_0 = \ldots = a_n = 0.$$

Sei $a \neq 0$, d. h. $a \in \mathbb{N}$. Für $n \in \mathbb{N}$ besitze a die Darstellungen

$$a = \sum_{k=0}^{n} a_k q^k = \sum_{k=0}^{n} b_k q^k,$$

$a_0, \ldots, a_n, b_0, \ldots, b_n \in \mathbb{N}_0$, $0 \leq a_k, b_k < q$ für $k = 0, 1, \ldots, n$. Dann gilt

$$\sum_{k=1}^{n} a_k q^k - \sum_{k=1}^{n} b_k q^k = b_0 - a_0 \leq b_0 < q.$$

Gilt $b_0 \geq a_0$, so ist

$$0 \leq \sum_{k=1}^{n} a_k q^{k-1} - \sum_{k=1}^{n} b_k q^{k-1} < 1.$$

Weil der mittlere Term ganzzahlig ist, muss er Null sein, d. h. es gilt

$$\sum_{k=1}^{n} a_k q^{k-1} = \sum_{k=1}^{n} b_k q^{k-1},$$

was auch im Fall $b_0 < a_0$ analog gezeigt werden kann. Induktiv folgt, dass

$$\sum_{k=\ell}^{n} a_k q^{k-\ell} = \sum_{k=\ell}^{n} b_k q^{k-\ell}$$

für $\ell = 1, \ldots, n$ und hieraus, dass $a_n = b_n, \ldots, a_1 = b_1$ gilt und schließlich auch, dass $a_0 = b_0$.

(II) Gilt

$$a = \sum_{k=0}^{n} a_k q^k = \sum_{k=0}^{m} b_k q^k$$

und ist z. B. $n > m$, dann setze $b_{m+1} = \ldots = b_n := 0$. Dann folgt aus

$$a = \sum_{k=0}^{n} a_k q^k = \sum_{k=0}^{n} b_k q^k$$

mit Hilfe von Teil (I), dass $a_{m+1} = \ldots = a_n = 0$ sein muss.

(III) *Existenz:* Sei $n \in \mathbb{N}$. Wir setzen

$$A = A_q := \{\, 0, 1, \ldots, q-1 \,\}$$

und

$$A^{n+1} := \underbrace{A \times \ldots \times A}_{(n+1)\text{-mal}}.$$

Wir betrachten die Abbildung

$$f : A^{n+1} \to \mathbb{N}_0, \quad f(a_0, a_1, \ldots, a_n) := \sum_{k=0}^{n} a_k q^k.$$

Dann gilt mit Aufgabe 1.1.3(i), dass

$$|f(a_0, a_1, \ldots, a_n)| \leq (q-1) \sum_{k=0}^{n} q^k = q^{n+1} - 1.$$

Also bildet f A^{n+1} in $B_{n+1} := \{\, 0, 1, \ldots, q^{n+1} - 1 \,\}$ ab. Nach Teil (I) ist f injektiv und, weil sowohl A^{n+1} als auch B_{n+1} q^{n+1}-elementig sind, auch surjektiv. Ist $a \in \mathbb{N}_0$, so wähle $n \in \mathbb{N}$ gemäß Aufgabe 1.1.3(iii), so dass $q^{n+1} - 1 \geq a$ gilt. Dann ist $a \in B_{n+1}$, und wegen der Surjektivität von f gibt es dann $a_0, a_1, \ldots, a_n \in \mathbb{N}_0$ mit $0 \leq a_k \leq q - 1$, so dass

$$a = f(a_0, a_1, \ldots, a_n) = \sum_{k=0}^{n} a_k q^k,$$

womit die Existenz einer Darstellung gezeigt ist.

1.3   Körper

1.3.1 Hinweis: Zu zeigen ist: Seien $a, a', c, c' \in \mathbb{Z}$, $b, b', d, d' \in \mathbb{N}$ mit

$$\frac{a}{b} = \frac{a'}{b'}, \quad \frac{c}{d} = \frac{c'}{d'}.$$

Dann gilt

$$\frac{a}{b} + \frac{c}{d} = \frac{a'}{b'} + \frac{c'}{d'}, \quad \frac{a}{b} \cdot \frac{c}{d} = \frac{a'}{b'} \cdot \frac{c'}{d'}.$$

(Außerdem sind die Körperaxiome zu verifizieren.)

1.3.2 Unter Benutzung der quadratischen Ergänzungsformel

$$x^2 + 2bx + c = x^2 + 2bx + (b^2 - b^2) + c$$
$$= (x + b)^2 + (c - b^2)$$

und der binomischen Formel

$$(a + b)(a - b) = a^2 - b^2$$

berechnen wir:

(i) $\quad x^2 + 4x - 5 = x^2 + 2 \cdot 2x + 4 - 4 - 5$
$$= (x + 2)^2 - 9$$
$$= ((x + 2) + 3)((x + 2) - 3)$$
$$= (x + 5)(x - 1).$$

(iii) $\quad x^2 - 6xy + 8y^2 = x^2 - 2 \cdot 3yx + 9y^2 - 9y^2 + 8y^2$
$$= (x - 3y)^2 - y^2$$
$$= ((x - 3y) + y)((x - 3y) - y)$$
$$= (x - 2y)(x - 4y).$$

1.3.5 Hinweis: Man verwende Aufgabe 1.2.3.

1.3.8 Sind $a_{k\ell}$ Zahlen, so ist

$$\sum_{k=0}^{2n} \sum_{\ell=0}^{n-|n-k|} a_{k\ell} = a_{00} + (a_{10} + a_{11}) + (a_{20} + a_{21} + a_{22}) + \ldots$$

$$+ (a_{n0} + a_{n1} + \ldots + a_{nn})$$
$$+ (a_{n+10} + a_{n+11} + \ldots + a_{n+1\,n-1}) + \ldots$$
$$+ (a_{2n-10} + a_{2n-11}) + a_{2n0}$$

$$= \sum_{\ell=0}^{n} \sum_{k=\ell}^{2n-\ell} a_{k\ell},$$

wie man aus dem folgenden Schema erkennt:

$$
\begin{array}{llllllll}
a_{00} & a_{10} & a_{20} & \cdots & a_{n0} & a_{n+10} & \cdots & a_{2n-10}\ a_{2n0} \\
 & a_{11} & a_{21} & \cdots & a_{n1} & a_{n+11} & \cdots & a_{2n-11} \\
 & & a_{22} & \cdots & a_{n2} & a_{n+12} & \cdots & \\
 & & & & \vdots & \vdots & & \\
 & & & & \vdots & a_{n+1\,n-1} & & \\
 & & & a_{nn} & & & &
\end{array}
$$

Diese Formel beweist man durch vollständige Induktion über n. Damit ist mit Aufgabe 1.2.4(iv):

$$\sum_{k=0}^{2n} \sum_{\ell=0}^{n-|n-k|} \binom{2n-2\ell}{k-\ell} = \sum_{\ell=0}^{n} \sum_{k=\ell}^{2n-\ell} \binom{2n-2\ell}{k-\ell}$$

$$= \sum_{\ell=0}^{n} \sum_{k=0}^{2n-2\ell} \binom{2n-2\ell}{k} = \sum_{\ell=0}^{n} 2^{2n-2\ell}$$

$$= 4^n \sum_{\ell=0}^{n} \frac{1}{4^\ell} = \frac{4^{n+1}-1}{3}.$$

1.3.9 (i) Hinweis: Man berechnet für $n = 0, 1, \ldots, 6$, dass

$$\sum_{k=0}^{2n} (-1)^k \binom{2n}{2k} = \begin{cases} 0 & \text{für } n = 2m+1, \ m \in \mathbb{N} \\ 2^n & \text{für } n = 4m, \ m \in \mathbb{N}_0 \\ -2^n & \text{für } n = 4m+2, \ m \in \mathbb{N}_0 \end{cases}$$

und beweist diese Formel durch vollständige Induktion über m.

1.4 Angeordnete Körper

1.4.1 (I) Zunächst berechnen wir für $a \neq 0$:

$$ax^2 + 2bxy + cy^2 = a\left(x^2 + 2\frac{by}{a}x + \left(\frac{by}{a}\right)^2 - \left(\frac{by}{a}\right)^2 + cy^2\right)$$

$$= a\left(\left(x + \frac{b}{a}y\right)^2 + \frac{ac-b^2}{a^2}y^2\right).$$

(II) Sei $a, c \geq 0$, $ac - b^2 \geq 0$. Im Fall $a \neq 0$ folgt dann aus Teil (I), dass

$$ax^2 + 2bxy + cy^2 \geq 0 \text{ für alle } x, y \in \mathbb{K}.$$

Im Fall $a = 0$ folgt aus $0 = ac \geq b^2$, dass $b = 0$ ist, weshalb auch in diesem Fall

$$ax^2 + 2bxy + cy^2 = cy^2 \geq 0 \text{ für alle } x, y \in \mathbb{K}.$$

(III) Gilt

$$ax^2 + 2bxy + cy^2 \geq 0 \text{ für alle } x, y \in \mathbb{K},$$

so folgt im Fall $a \neq 0$ aus Teil (I) durch Setzen von $x = 1$, $y = 0$, dass $a \geq 0$. Durch Setzen von $x = -\frac{b}{a}$, $y = 1$ folgt, dass $ac - b^2 \geq 0$ und hieraus, dass $c > \frac{b^2}{a} > 0$.

Im Fall $a = 0$ folgt durch Setzen von $x = 0$, $y = 1$, dass $c \geq 0$ und durch Setzen von $x = -1$, $y = \frac{b}{c}$ (im Fall $c \neq 0$), dass

$$2b^2 \leq b^2,$$

was nur für $b = 0$ richtig ist. Ist auch $c = 0$, so folgt durch Setzen von $x = \pm 1$, $y = 1$, dass $\pm b \geq 0$, weshalb auch in diesem Fall $b = 0$ sein muss. In jedem Fall folgt also, dass $a, c \geq 0$, $ac - b^2 \geq 0$.

1.4.2 (i) Es gilt

$$a^2 + b^2 + c^2 + ab + bc + ac$$

$$= \frac{1}{2}\left(a^2 + 2ab + b^2\right) + \frac{1}{2}\left(a^2 + 2ac + c^2\right) + \frac{1}{2}\left(b^2 + 2bc + c^2\right)$$

$$= (a + b)^2 + (a + c)^2 + (b + c)^2 \geq 0.$$

1.4.3 Hinweis: Man unterscheide die Fälle $a > 0$, $a = 0$ und $a < 0$. Im Fall $a > 0$ unterscheide man die Unterfälle $x < -3a$, $-3a \leq x \leq a$ und $x > a$. Für eine alternative, zeichnerische Lösung bringe man die Kurven $y = |x - 3a|$ und $y = |x - a| + 2a$ zum Schnitt.

1.4.8 (ii) Man folgere die Ungleichung (ii) aus (i). Ein anderer Beweis von (ii) erfolgt durch vollständige Induktion über n. Hierzu zeigen wir zunächst den Fall $n = 2$: Es ist

$$(a_1 + a_2)(b_1 + b_2) = a_1 b_1 + a_1 b_2 + a_2 b_1 + a_2 b_2$$

$$\leq 2(a_1 b_1 + a_2 b_2)$$

genau dann, wenn

$$a_1 b_2 + a_2 b_1 \leq a_1 b_1 + a_2 b_2,$$

was wiederum genau dann gilt, wenn

$$0 \leq (a_1 - a_2)(b_1 - b_2).$$

Mit demselben Trick wird der *Induktionsschluss* so ausgeführt:

$$\left(\sum_{k=1}^{n+1} a_k\right) \cdot \left(\sum_{k=1}^{n+1} b_k\right) = \left(a_1 + \sum_{k=2}^{n+1} a_k\right) \cdot \left(b_1 + \sum_{k=2}^{n+1} b_k\right)$$

$$\leq a_1 b_1 + \sum_{k=2}^{n+1}(a_1 b_k + a_k b_1) + n \sum_{k=2}^{n+1} a_k b_k$$

$$\leq a_1 b_1 + \sum_{k=2}^{n+1}(a_1 b_1 + a_k b_k) + n \sum_{k=2}^{n+1} a_k b_k$$

$$= (n + 1) \sum_{k=1}^{n+1} a_k b_k.$$

1.4.10 Hinweis: Verwende Aufgabe 1.4.9.

1.4.12 Hinweis: Man zeige dies, indem man die Ungleichung des arithmetischen Mittels

$$a < \frac{a+b}{2} < b \text{ für } a, b \in \mathbb{K}, \ a < b,$$

benutzt sowie die Tatsache, dass $0, 1 \in \mathbb{K}$ und $0 \neq 1$.

1.5   Das Archimedische Axiom

1.5.1 Man gebe eine Lösung unter Verwendung von Aufgabe 1.4.11(ii) an. Hier ist eine Alternative: Sei $n \geq 2$. Weil $-\frac{1}{n^2+1} > -1$ ist, folgt aus der Bernoullischen Ungleichung, dass

$$\frac{1}{\left(1+\frac{1}{n^2}\right)^n} = \left(\frac{n^2}{n^2+1}\right)^n = \left(1 - \frac{1}{n^2+1}\right)^n > 1 - \frac{n}{n^2+1} = \frac{n^2-n+1}{n^2+1},$$

also

$$\left(1+\frac{1}{n^2}\right)^n < \frac{n^2+1}{n^2-n+1} = 1 + \frac{n}{n^2-n+1} < 1 + \frac{1}{n-1}.$$

Damit gilt für $\varepsilon > 0$, dass

$$\left(1+\frac{1}{n^2}\right) < 1 + \frac{1}{n-1} \leq 1 + \varepsilon,$$

falls nur

$$\frac{1}{\varepsilon} + 1 \leq n,$$

also falls

$$n \geq N := \min\left\{ k \in \mathbb{N} \ \middle| \ k \geq \frac{1}{\varepsilon} + 1 \right\}.$$

Dabei existiert N nach dem Archimedischen Axiom und dem Wohlordnungssatz.

1.6   Folgen in einem angeordneten Körper

1.6.2 (vi) Zunächst zeigt man durch vollständige Induktion über n, dass $0 \leq a_n < 1$ für alle $n \in \mathbb{N}_0$. Dann folgt

$$|a_{n+1} - 1| = \frac{|a_n^2 - 1|}{3} = \frac{|a_n + 1||a_n - 1|}{3} < \frac{2}{3}|a_n - 1|$$

und hieraus durch vollständige Induktion über n, dass

$$|a_n - 1| < \left(\frac{2}{3}\right)^n \quad \text{für alle } n \in \mathbb{N}.$$

Deshalb gilt $a_n \to 1$ für $n \to \infty$.

1.6.3 (i) Seien $m, n \in \mathbb{N}$, $n \geq m$. Dann gilt

$$A_n - a = \frac{(a_1 - a) + \ldots + (a_m - a)}{n} + \frac{(a_{m+1} - a) + \ldots + (a_n - a)}{n}.$$

Sei $\varepsilon > 0$. Wähle $m = m(\varepsilon) \in \mathbb{N}$, so dass $|a_k - a| < \frac{\varepsilon}{2}$ für alle $k \geq m + 1$. Dann wähle $N = N(\varepsilon, m) \in \mathbb{N}$, $N \geq m$, so dass

$$|a_1 - a| + \ldots + |a_m - a| < \frac{N\varepsilon}{2}.$$

Dann haben wir für alle $n \geq N$:

$$|A_n - a| \leq \frac{|a_1 - a| + \ldots + |a_m - a|}{n} + \frac{|a_{m+1} - a| + \ldots + |a_n - a|}{n}$$

$$< \frac{N}{n} \cdot \frac{\varepsilon}{2} + \frac{n - m}{n}\frac{\varepsilon}{2} \leq \varepsilon.$$

(ii) Die Folge $(a_n)_{n \in \mathbb{N}}$,

$$a_n := \begin{cases} 0 & \text{für } n = 2k, \; k \in \mathbb{N} \\ 1 & \text{für } n = 2k - 1, \; k \in \mathbb{N} \end{cases}$$

leistet Gewünschtes.

1.6.4 Hinweis: Man nehme zunächst an, dass $a = 0$ gilt. Betrachte die Folge $(b_n)_{n \in \mathbb{N}}$,

$$b_n := na_n + \sum_{k=1}^{n} a_k,$$

berechne $\sum_{n=1}^{m} b_n$ und verwende Aufgabe 1.6.3(i).

1.6.6 Sei $\varepsilon > 0$. Wähle zunächst $m \in \mathbb{N}$, $m \geq 2$: $|b_\ell| < \frac{\varepsilon}{2}$ für $\ell \geq m$. Sei dann $B := \max\{|b_1|, \ldots, |b_{m-1}|\}$ und wähle $N \in \mathbb{N}$, $N \geq m : a_{k\ell} < \frac{\varepsilon}{2(m-1)B}$ für $k \geq N$ und $\ell = 1, \ldots, m-1$. Dann folgt für $k \geq N$, dass

$$|c_k| = \left| \sum_{\ell=1}^{k} a_{k\ell} b_\ell \right|$$

$$\leq \sum_{\ell=1}^{m-1} a_{k\ell} |b_\ell| + \sum_{\ell=m}^{k} a_{k\ell} |b_\ell|$$

$$\leq B(m-1) \max\{a_{k1}, \ldots, a_{k\,m-1}\} + \frac{\varepsilon}{2} \sum_{\ell=1}^{k} a_{k\ell}$$

$$< \frac{\varepsilon}{2} + \frac{\varepsilon}{2} = \varepsilon.$$

1.6.10 (ii) Hinweis: Man setze in der in Teil (i) erhaltenen Identität $a = 1, 2, \ldots, n$ und addiere diese Gleichungen.

1.6.11 (i)   Wir berechnen

$$a_1 = \frac{2a+1}{a+2} = \frac{b_1 a + (b_1 - 1)}{(b_1 - 1)a + b_1}$$

mit $b_1 = 2$,

$$a_2 = \frac{5a+4}{4a+5} = \frac{b_2 a + (b_2 - 1)}{(b_2 - 1)a + b_2}$$

mit $b_2 = 2b_1 + (b_1 - 1) = 3b_1 - 1 = 5$,

$$a_3 = \frac{14a+13}{13a+14} = \frac{b_3 a + (b_3 - 1)}{(b_3 - 1)a + b_3}$$

mit $b_3 = 3b_2 - 1 = 3(3b_1 - 1) - 1 = 3^2 \cdot 2 - 3 - 1 = 14$,

$$a_4 = \frac{41a+40}{40a+41} = \frac{b_4 a + (b_4 - 1)}{(b_4 - 1)a + b_4}$$

mit $b_4 = 3b_3 - 1 = 3(3(3b_1 - 1) - 1) - 1 = 3^3 \cdot 2 - 3^2 - 3 - 1 = 41$.
Wir erraten, dass

$$a_n = \frac{b_n a + (b_n - 1)}{(b_n - 1)u + b_n}$$

mit

$$b_n = 3b_{n-1} - 1 = 3(3(3b_{n-3} - 1) - 1) - 1 = \ldots$$

$$= 3^{n-1} \cdot 2 - \sum_{k=0}^{n-2} 3^k = 3^n - \sum_{k=0}^{n-1} 3^k = 3^n - \frac{3^n - 1}{3 - 1} = \frac{3^n + 1}{2}$$

für $n \in \mathbb{N}$, also

$$a_n = \frac{(3^n + 1)a + (3^n - 1)}{(3^n - 1)a + (3^n + 1)}.$$

Diese Formel beweist man durch vollständige Induktion über n unter der Annahme der Wohldefiniertheit.

(ii) Sei die Folge $(c_n)_{n \in \mathbb{N}}$ definiert durch

$$c_n := -\frac{b_n}{b_n - 1} = -\frac{3^n + 1}{3^n - 1}.$$

Dann gilt: $c_1 = -2$, $c_2 = -\frac{4}{5}$, $c_3 = -\frac{14}{13}$, $c_4 = -\frac{41}{40}$. a_n ist genau dann wohldefiniert, falls

$$a \neq c_k \text{ für } k = 1, 2, \ldots, n$$

gilt, d. h. die Folge $(a_n)_{n \in \mathbb{N}}$ ist wohldefiniert genau für

$$a \neq c_n \text{ für alle } n \in \mathbb{N}.$$

(iii) Gilt $a \neq c_n$ für alle $n \in \mathbb{N}$, so folgt unmittelbar, dass

$$a_n \to \frac{a + 1}{a + 1} = 1 \text{ für } n \to \infty.$$

1.6.12 (i)   Wir berechnen

$$a_2 = \frac{a_0 a_1}{2a_0 - a_1},$$

$$a_3 = \frac{a_1 a_2}{2a_1 - a_2} = \frac{a_1 \frac{a_0 a_1}{2a_0 - a_1}}{2a_1 - \frac{a_0 a_1}{2a_0 - a_1}}$$

$$= \frac{a_0 a_1^2}{2a_1(2a_0 - a_1) - a_0 a_1} = \frac{a_0 a_1}{3a_0 - 2a_1}.$$

Induktiv folgt, dass

$$a_n = \frac{a_0 a_1}{na_0 - (n-1)a_1} = \frac{a_0 a_1}{n(a_0 - a_1) + a_1}$$

für $n \in \mathbb{N}$, $n \geq 2$, falls die Nenner nicht verschwinden. Man führe diesen Induktionsbeweis aus.

(ii) Die Folge ist wohldefiniert, falls

$$n(a_0 - a_1) + a_1 \neq 0 \text{ für } n = 2, 3, \ldots,$$

also für

$$\frac{a_1}{a_1 - a_0} \neq 2, 3, 4, \ldots \text{ im Fall } a_1 \neq a_0.$$

Gilt $a_1 = a_0$, so ist $a_n = a_0$ für alle $n \in \mathbb{N}$.

(iii) Im Fall $a_1 \neq a_0$ gilt $a_n \to 0$ für $n \to \infty$, sonst ist $a_n = a_0 \to a_0$.

1.6.13 Anfänglich seien a_0 Liter Wasser und $b_0 = 1 - a_0$ Liter Wein in dem Krug. Nachdem das (Doppel-)Verfahren n-mal durchgeführt wurde, seien a_n Liter Wasser und $b_n = 1 - a_n$ Liter Wein im Krug. Werden dann p Liter der Mischung entnommen und durch Wasser ersetzt, so sind dann

$$a_{n+\frac{1}{2}} = a_n(1 - p) + p$$

Liter Wasser und

$$b_{n+\frac{1}{2}} = b_n(1 - p)$$

Liter Wein im Krug. Werden dann p Liter der Mischung ausgegossen und durch Wein ersetzt, so sind dann

$$a_{n+1} = a_{n+\frac{1}{2}}(1 - p) = a_n(1 - p)^2 + p(1 - p)$$

Liter Wasser und

$$b_{n+1} = b_{n+\frac{1}{2}}(1 - p) + p = b_n(1 - p)^2 + p$$

Liter Wein im Krug. Induktiv zeigt man, dass

$$a_n = a_0(1 - p)^{2n} + p(1 - p) \sum_{\ell=0}^{n-1}(1 - p)^{2\ell}$$

$$= a_0(1 - p)^{2n} + p(1 - p)\frac{1 - (1 - p)^{2n}}{1 - (1 - p)^2}$$

$$= a_0(1 - p)^{2n} + \frac{(1 - p)(1 - (1 - p)^{2n})}{2 - p}$$

$$\to a_\infty = \frac{1 - p}{2 - p} \text{ für } n \to \infty,$$

$$b_n = b_0(1 - p)^{2n} + p \sum_{\ell=0}^{n-1}(1 - p)^{2\ell}$$

$$= b_0(1 - p)^{2n} + \frac{1 - (1 - p)^{2n}}{2 - p}$$

$$\to b_\infty = \frac{1}{2 - p} \text{ für } n \to \infty.$$

Es gilt $a_\infty + b_\infty = 1$ und das Mischungsverhältnis $\frac{a_n}{b_n}$ konvergiert gegen $\frac{a_\infty}{b_\infty} = 1 - p$. Diese Grenzwerte sind alle unabhängig von a_0, b_0.

1.7   Vollständigkeit

1.7.1 (ii) $\left(\sqrt{n}\right)_{n \in \mathbb{N}}$ ist keine Cauchy-Folge. Zu zeigen ist: $\exists \varepsilon > 0 \colon \forall N \in \mathbb{N} \ \exists n, m \geq N \colon \left|\sqrt{n} - \sqrt{m}\right| \geq \varepsilon$. Wähle dazu $\varepsilon = 1$. Für beliebiges $N \in \mathbb{N}$ sei $n = N^2$, $m = (N+1)^2$. Dann gilt

$$\left|\sqrt{n} - \sqrt{m}\right| = \left|\sqrt{N^2} - \sqrt{(N+1)^2}\right| = 1 \geq \varepsilon.$$

2 Das System der reellen Zahlen

2.1 Axiomatische Einführung der reellen Zahlen

2.1.1 (I) Für $m \in \mathbb{N}$ sei $I_m := \left[m - \frac{1}{2}, m + \frac{1}{2} \right)$. Dann gilt

$$\mathbb{R} = \biguplus_{m \in \mathbb{Z}} I_m,$$

d. h. $\mathbb{R} = \bigcup_{m \in \mathbb{Z}} I_m$, $I_m \cap I_{m'} = \emptyset$ für $m \neq m'$. Ist also $a \in \mathbb{R}$ irrational und $n \in \mathbb{N}$, so gibt es ein $m \in \mathbb{Z}$ mit $na \in \mathring{I}_m = \left(m - \frac{1}{2}, m + \frac{1}{2} \right)$, d. h. es gilt

$$\left| a - \frac{m}{n} \right| < \frac{1}{2n}.$$

(II) Die Behauptung gilt nicht für rationale Zahlen $a = \frac{p}{q}$, $p \in \mathbb{Z}$, $q \in \mathbb{N}$, p ungerade, q gerade. Für alle anderen reellen Zahlen gilt die Behauptung. Denn seien $p \in \mathbb{Z}$, $q, n \in \mathbb{N}$. Dann gibt es ein $m \in \mathbb{Z}$ mit

$$\left| \frac{p}{q} - \frac{m}{n} \right| < \frac{1}{2n} \tag{2.1}$$

genau dann, wenn $|np - mq| < \frac{q}{2}$. Sei $I_{mq} := \left[mq - \frac{q}{2}, mq + \frac{q}{2} \right)$. Wegen $mq + \frac{q}{2} = (m+1)q - \frac{q}{2}$ haben wir dann

$$\mathbb{R} = \biguplus_{m \in \mathbb{Z}} I_{mq}.$$

Also gilt (2.1) genau dann, wenn $np \in \mathring{I}_{mq}$ für ein $m \in \mathbb{Z}$. Aber es gilt $\left| \frac{p}{q} - \frac{m}{n} \right| \geq \frac{1}{2n}$ für alle $m \in \mathbb{Z}$ genau dann, wenn $np - mq = \frac{q}{2}$ für ein $m \in \mathbb{Z}$, also wenn

$$\frac{p}{q} = \frac{2m+1}{2n} \quad \text{für ein } m \in \mathbb{Z}.$$

Damit gilt die Behauptung genau für diese Zahlen nicht.

2.1.4 Hinweis: Man verwende Aufgabe 2.1.3.

2.1.7 Sei $x \in \mathbb{R}$ und sei $\varepsilon > 0$. Wähle $k \in \mathbb{N}$, so dass $\frac{1}{2^k} < \varepsilon$ gilt. Für $l \in \mathbb{Z}$ haben wir genau dann

$$\left| x - \frac{\ell}{2^k} \right| < \frac{1}{2^k},$$

wenn

$$\ell - 1 < 2^k x < \ell + 1$$

gilt. Wählen wir also $\ell \in \mathbb{Z}$ mit dieser Eigenschaft, dann ist

$$\left| x - \frac{\ell}{2^k} \right| < \frac{1}{2^k} < \varepsilon.$$

2.2   Dezimalbruchentwicklung

2.2.3 Hinweis: Die Summenformel der endlichen geometrischen Reihe kann hilfreich sein.

2.3   Die allgemeine Potenz einer reellen Zahl

2.3.1 (I) *1. Fall:* Angenommen $c \neq 0$. Dann gilt

$$a\sqrt{2} + b\sqrt{3} + c\sqrt{5} = 0 \iff \frac{a}{c}\sqrt{\frac{2}{5}} + \frac{b}{c}\sqrt{\frac{3}{5}} = -1,$$

also haben wir dann

$$1 = \frac{2}{5}\left(\frac{a}{c}\right)^2 + \frac{3}{5}\left(\frac{b}{c}\right)^2 + \frac{2}{5}\sqrt{6}\frac{ab}{c^2}.$$

Hieraus folgt, dass $a \neq 0$ oder $b \neq 0$ (denn sonst würden ja a und b gleichzeitig verschwinden, was nicht sein kann). Ist $a \neq 0$, so folgt, dass auch $b \neq 0$ ist, denn sonst wäre ja $\sqrt{\frac{2}{5}} = -\frac{c}{a}$, aber $\sqrt{\frac{2}{5}}$ ist irrational. Genauso folgt aus $b \neq 0$, dass $a \neq 0$ sein muss. Insgesamt haben wir also, dass $a \neq 0$ und $b \neq 0$ und wie vorausgesetzt $c \neq 0$. Daraus folgt aber, dass

$$\sqrt{6} = \frac{c^2 - \frac{2}{5}a^2 - \frac{3}{5}b^2}{2ab},$$

was nicht sein kann, denn $\sqrt{6}$ ist irrational. Also ist die Annahme falsch. Es muss $c = 0$ sein.

(II) Ähnlich argumentiert man in den Fällen $b \neq 0$ und $a \neq 0$. Damit ist gezeigt: $\forall a, b, c \in \mathbb{Q} : a\sqrt{2} + b\sqrt{3} + c\sqrt{5} = 0 \implies a = b = c = 0$.

2.3.2 (I) Für $h \in \mathbb{R}$, $h \neq 0, 1$, gilt $\frac{1}{h} = \frac{h}{1-h}$ genau dann, wenn

$$0 = h^2 + h - 1 = \left(h + \frac{1}{2}\right)^2 - \frac{5}{4},$$

d. h. für $h = \frac{-1 \pm \sqrt{5}}{2}$. Genau für

$$h = \frac{\sqrt{5} - 1}{2}$$

gilt $0 < h < 1$.

(II) Wir berechnen

$$g = \frac{h}{1 - h} = \frac{1}{h} = \frac{2}{\sqrt{5} - 1} = \frac{\sqrt{5} + 1}{2}.$$

Angenommen $g \in \mathbb{Q}$. Dann folgt, dass $\sqrt{5} = 2g - 1 \in \mathbb{Q}$ ein Widerspruch ist.

(III) Nach Teil (I) ist

$$\left(h + \frac{1}{2}\right)^2 = \frac{5}{4} = 1^2 + \left(\frac{1}{2}\right)^2.$$

Also ist $h + \frac{1}{2}$ nach dem Satz von Pythagoras die Hypothenuse des rechtwinkligen Dreiecks mit den Katheten 1 und $\frac{1}{2}$. Damit ist $h + \frac{1}{2}$ und dann h mit Zirkel und Lineal konstruierbar (vergleiche Abbildung 2.1).

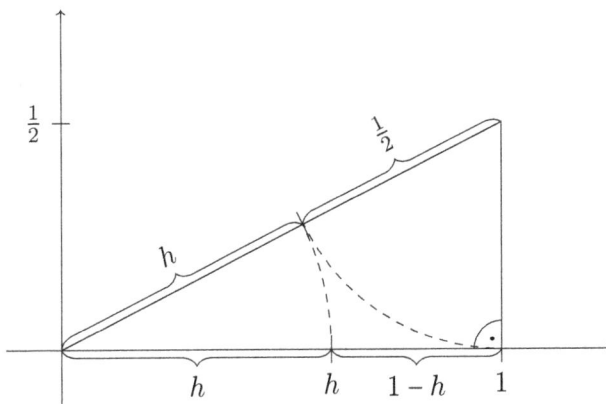

Abbildung 2.1: *Zur Konstruktion des goldenen Schnittes, Aufgabe 2.3.2*

2.3.3 Hinweis: Durch vollständige Induktion zeige man zunächst, dass für alle $n \in \mathbb{N}$:

$$\left| \frac{f_{n+1}}{f_n} - g \right| = \frac{1}{f_n} \cdot \frac{1}{g^n}.$$

2.3.9 Die Behauptung gilt offensichtlich für $n = 1$. Für $n \geq 2$ folgt aus der binomischen Formel

$$\left(1 + \sqrt{\frac{2}{n}}\right)^n = \sum_{k=0}^{n} \binom{n}{k} \left(\sqrt{\frac{2}{n}}\right)^k$$

$$> 1 + \binom{n}{2} \frac{2}{n}$$

$$= 1 + \frac{n(n-1)}{2} \frac{2}{n} = n$$

und hieraus die Behauptung.

2.3.10 Sei $k \in \mathbb{N}$, $1 < 2k \leq n$ fest gewählt. Dann ist $n - k + 1 \geq \frac{n}{2}$ und deshalb folgt aus der binomischen Formel, dass

$$(1 + a)^n = \sum_{k=0}^{n} \binom{n}{k} a^k > \binom{n}{k} a^k$$

$$= \frac{n(n-1) \cdot \ldots \cdot (n-k+1)}{k!} a^k$$

$$\geq \left(\frac{n}{2}\right)^k \frac{a^k}{k!}.$$

Gilt $k \geq \mu + 1$, $\mu \in \mathbb{R}$, so folgt

$$0 < \frac{n^\mu}{(1+a)^n} < \frac{2^k k!}{a^k} n^{\mu-k}$$

$$\leq \frac{\text{const}}{n} \to 0 \text{ für } n \to \infty.$$

Die Wahl von k ist möglich, denn für $\mu \in \mathbb{R}$ sei $N \in \mathbb{N}$ so gewählt, dass $N \geq 2\mu + 4$ und dann $k \in \mathbb{N}$ mit $\mu + 1 \leq k \leq \mu + 2$. Dann gilt obige Rechnung für alle $n \in \mathbb{N}$, $n \geq N$.

Es ergibt sich ein neuer Beweis und gleichzeitig eine Verschärfung von Aufgabe 1.1.2(ii): Ist $p \in \mathbb{N}$, so gilt

$$\frac{n^p}{2^n} \to 0 \text{ für } n \to \infty.$$

Deshalb gibt es zu jedem $\varepsilon > 0$ ein $N \in \mathbb{N}$ mit

$$n^p \leq \varepsilon 2^n \text{ für alle } n \in \mathbb{N}, n \geq N.$$

2.3.11 Hinweis: Man setze

$$A := \left(\sum_{k=1}^{n} |a_k|^{\mu} \right)^{\frac{1}{\mu}}$$

und betrachte dann $b_k := \frac{a_k}{A}$.

2.4 Weitere Vollständigkeitsprinzipien

2.4.4 (i) Natürlich ist $x_n > 0$ für alle $n \in \mathbb{N}_0$. Sei $n \in \mathbb{N}_0$. Gilt $x_n^2 \leq \frac{a}{2}$, so ist

$$x_{n+1}^2 = \frac{1}{4}\left(x_n^2 + 2a + \frac{a^2}{x_n^2} \right) \geq \frac{a}{2} + \frac{a^2}{4x_n^2} \geq a.$$

Im Fall $x_n^2 > \frac{a}{2}$ ist $\frac{x_n^2 - a}{2x_n^2} > -1/2 > -1$ und deshalb folgt aus der Bernoullischen Ungleichung, dass

$$x_{n+1}^2 = \frac{1}{4}\left(x_n + \frac{a}{x_n} \right)^2 = x_n^2 \left(\frac{1}{2} + \frac{a}{2x_n^2} \right)^2$$

$$= x_n^2 \left(1 - \frac{x_n^2 - a}{2x_n^2} \right)^2$$

$$\geq x_n^2 \left(1 - \frac{x_n^2 - a}{x_n^2} \right) = a.$$

Damit gilt $x_n^2 \geq a$ für alle $n \in \mathbb{N}$. Hieraus folgt, dass

$$x_{n+1} - x_n = \frac{1}{2}\left(\frac{a}{x_n} - x_n \right) \leq 0$$

für alle $n \in \mathbb{N}$. Nach dem Monotonieprinzip konvergiert die Folge $(x_n)_{n \in \mathbb{N}}$ gegen ein $x \in \mathbb{R}^+$ mit $x^2 \geq a$. Aus der definierenden Relation der Folge $(x_n)_{n \in \mathbb{N}}$ folgt durch Grenzübergang $n \to \infty$ die Relation

$$x = \frac{1}{2}\left(x + \frac{a}{x} \right)$$

für den Grenzwert x, d. h. es gilt $x = \sqrt{a}$.

2.4.6 (I) Sei $a > -1$. Dann gilt

$$a_n > -1 \text{ für alle } n \in \mathbb{N}_0,$$

weshalb $a_n \neq -2$ und a_{n+1} für alle $n \in \mathbb{N}_0$ wohldefiniert ist. Begründung: Für alle $n \in \mathbb{N}_0$ gilt

$$a_{n+1} = \frac{2a_n + 1}{a_n + 2} > -1 \Leftrightarrow a_n > -1.$$

(II) Gilt $a < 1$, so ist

$$a_n < 1 \text{ für alle } n \in \mathbb{N}_0,$$

gilt $a > 1$, so ist

$$a_n > 1 \text{ für alle } n \in \mathbb{N}_0.$$

Dies gilt wegen

$$a_{n+1} = \frac{2a_n + 1}{a_n + 2} < 1 \Leftrightarrow a_n < 1$$

bzw. $a_{n+1} > 1$ genau dann, wenn $a_n > 1$.

(III) Im Fall $a < 1$ ist

$$a_n < a_{n+1} \text{ für alle } n \in \mathbb{N}_0$$

und im Fall $a > 1$ gilt

$$a_{n+1} < a_n \text{ für alle } n \in \mathbb{N}_0.$$

Dies folgt mit Hilfe von (I) und (II) aus

$$a_n < a_{n+1} = \frac{2a_n + 1}{a_n + 2} \Leftrightarrow a_n^2 < 1$$

bzw. $a_{n+1} < a_n$ genau dann, wenn $a_n^2 > 1$.

(IV) Falls $a_n \to a^* \in \mathbb{R}$, dann ist $a^* = \pm 1$, denn es gilt

$$a_{n+1} = \frac{2a_n + 1}{a_n + 2} \Leftrightarrow a_{n+1}(a_n + 2) = 2a_n + 1$$

und der Grenzübergang $n \to \infty$ liefert $(a^*)^2 = 1$, also $a^* = \pm 1$.

(V) Für $a = -1$ ist $a_n = -1$ für alle $n \in \mathbb{N}_0$, und deshalb gilt dann $a_n \to -1$. Für $a = 1$ ist $a_n = 1$ für alle $n \in \mathbb{N}_0$, weshalb $a_n \to 1$. Ist $a > -1$, $a \neq 1$, so folgt aus dem Monotonieprinzip die Konvergenz $a_n \to a^* \in \mathbb{R}$. Es gilt $a^* > -1$ nach (I), (II) und (III), weshalb $a^* = 1$ ist.

2.4.8 Hinweis: Man kann die Folge der Differenzen $(a_{n+1} - a_n)_{n \in \mathbb{N}}$ betrachten.

2.4.12 Hinweis: Sei $A_0 := \{ x \in I \mid f(x) = 0 \}$. Man unterscheide die Fälle A_0 enthält mindestens zwei Elemente, A_0 enthält genau ein Element und $A_0 = \emptyset$, in welchem Fall man die Mengen

$$A_+ := \{ x \in I \mid f(x) > 0 \} \text{ und } A_- := \{ x \in I \mid f(x) < 0 \}$$

betrachtet.

2.4.13 (I) *Eindeutigkeit:* Sind t, t', $t < t'$ zwei Trennungszahlen, dann folgt aus $t < \frac{t+t'}{2} < t'$, dass

$$\frac{t + t'}{2} \in A \cap B$$

im Widerspruch zu $a < b$ für alle $a \in A$, $b \in B$.

(II) *Existenz:* Seien $a \in A$ und $b \in B$. Man setze $I_0 := [a, b]$ und betrachte die Intervalle

$$I_1^{(1)} = \left[a, \frac{a+b}{2}\right], \quad I_1^{(2)} = \left[\frac{a+b}{2}, b\right].$$

Falls $\frac{a+b}{2} \in A$, so sei $I_1 := I_1^{(2)}$ und falls $\frac{a+b}{2} \in B$, dann sei $I_1 := I_1^{(1)}$. Das Verfahren wird auf I_1 angewandt und iteriert. Wir erhalten eine Intervallschachtelung $(I_n)_{n \in \mathbb{N}}$, $I_n = [a_n, b_n]$ mit

$$|I_n| = \frac{b-a}{2^n} \quad \text{und } a_n \in A, \, b_n \in B.$$

Daraus folgt die Existenz genau eines $t \in \mathbb{R}$ mit $t \in I_n$ für alle $n \in \mathbb{N}$.

Es bleibt zu zeigen, dass t eine Trennungszahl des Schnittes (A, B) ist: Sei $b' \in B$. Dann gilt $b' \geq t$, denn anderenfalls wäre $b' < t$. Wegen $a_n \to t$ gäbe es ein $N \in \mathbb{N}$ mit

$$b' < a_N \leq t.$$

Analog gilt $a' \leq t$ für alle $a \in A$.

2.5   Häufungswerte

2.5.1 (ii) (I) Es gilt $a_{2k} \to 2$ für $k \to \infty$ und $a_{2k-1} \to 0$ für $k \to \infty$. Deshalb ist $(a_n)_{n \in \mathbb{N}}$ beschränkt und es gilt $\inf \{ a_n \mid n \in \mathbb{N} \} = \min \{ a_n \mid n \in \mathbb{N} \} = 0$, $\sup \{ a_n \mid n \in \mathbb{N} \} = \max \{ a_n \mid n \in \mathbb{N} \} = 2$. Weiterhin ist

$$\liminf_{n \to \infty} a_n = 0, \; \limsup_{n \to \infty} a_n = 2$$

sowie $\{ 0, 2 \} \subset H$.

(II) Zu zeigen ist die Inklusion $H \subset \{ 0, 2 \}$. Wir zeigen: $a \notin \{ 0, 2 \} \Rightarrow a \notin H$, d. h. $a \in \mathbb{R}$, $a \neq 0$, $a \neq 2 \Rightarrow a \notin H$. Sei also $a \in \mathbb{R}$, $a \neq 0$, $a \neq 2$. Setze

$$2d := \min \{ |a|, |a - 2| \} = \text{dist}(a, H).$$

Für $n = 2k$, $k \in \mathbb{N}$ haben wir

$$|a_n - 2| = \left|2 - \frac{1}{2^n} - 2\right| = \frac{1}{2^n} \leq \frac{1}{2^N}$$

für $n \geq N$, weshalb

$$|a - a_n| \geq |a - 2| - |2 - a_n| \geq 2d - \frac{1}{2^N} > d$$

genau dann, wenn $2^N > \frac{1}{d}$, also für $N := \min\left\{ n \in \mathbb{N} \mid 2^n > \frac{1}{d} \right\}$. Für $n = 2k - 1$, $k \in \mathbb{N}$ gilt $a_n = 0$, also

$$|a - a_n| = |a| \geq 2d > d.$$

Insgesamt ist also

$$|a - a_n| \geq d \text{ für } n \geq N$$

und daher $a \notin H$, womit die Inklusion $H \subset \{0, 2\}$ bewiesen ist.

2.5.2 Zunächst bemerken wir, dass das System der Intervalle

$$\left\{ I_k := \left(\frac{(k-1)k}{2}, \frac{k(k+1)}{2} \right] \;\middle|\; k \in \mathbb{N} \right\}$$

eine Partition von $\mathbb{R}^+ = (0, +\infty)$ ist, d. h. es gilt

$$\mathbb{R}^+ = \bigcup_{k=1}^{\infty} I_k, \quad I_k \cap I_\ell = \varnothing \text{ für } k \neq \ell.$$

Ist also $n \in \mathbb{N}$, so gibt es genau ein $k = k(n)$ mit $n \in I_k$. Die Folge $(a_n)_{n \in \mathbb{N}}$ ist also wohldefiniert.

Weiterhin gilt für $n \in I_k$, dass

$$0 < n - \frac{(k-1)k}{2} \leq \frac{k(k+1)}{2} - \frac{(k-1)k}{2} = k$$

und deshalb ist

$$0 < a_n = \frac{n - \frac{(k-1)k}{2}}{k+1} \leq \frac{k}{k+1} < 1,$$

d. h. $\{ a_n \mid n \in N \} \subset \mathbb{Q} \cap (0, 1)$.

Sei nun $\frac{p}{q} \in \mathbb{Q} \cap (0, 1)$. Setze

$$k := q - 1, \; n := p + \frac{(k-1)k}{2}.$$

Wir zeigen, dass $n = n(k)$ gilt: Wegen $p \leq q + 1 = k$ gilt

$$\frac{(k-1)k}{2} < n = p + \frac{(k-1)k}{2}$$

$$\leq k + \frac{(k-1)k}{2} = \frac{k(k+1)}{2}.$$

Damit ist $n = n(k)$ und

$$\frac{p}{q} = \frac{n - \frac{(k-1)k}{2}}{k+1} = a_n,$$

weshalb $\{\, a_n \mid n \in \mathbb{N} \,\} = \mathbb{Q} \cap (0,1)$ ist.

2.6   Das erweiterte reelle Zahlensystem

2.6.1 Hinweis: Man modifiziere die Lösung der Aufgabe 1.6.3(i).

3 Unendliche Reihen

3.1 Unendliche Reihen

3.1.1 (i) Wir machen den Ansatz

$$\frac{1}{4k^2 - 1} = \frac{1}{(2k-1)(2k+1)} = \frac{A}{2k-1} + \frac{B}{2k+1}.$$

Dies ist äquivalent zu

$$1 = A(2k+1) + B(2k-1)$$
$$= 2(A+B)k + (A-B).$$

Gilt

$$A + B = 0,$$
$$A - B = 1,$$

also $A = \frac{1}{2}$, $B = -\frac{1}{2}$, so haben wir tatsächlich für alle $k \in \mathbb{N}$:

$$\frac{1}{4k^2 - 1} = \frac{1}{4k - 2} - \frac{1}{4k + 2}.$$

Damit gilt

$$\sum_{k=1}^{n} \frac{1}{4k^2 - 1} = \sum_{k=1}^{n} \left(\frac{1}{4k - 2} - \frac{1}{4k + 2} \right)$$
$$= \sum_{k=1}^{n} \frac{1}{4k - 2} - \sum_{k=2}^{n+1} \frac{1}{4k - 2}$$
$$= \frac{1}{2} - \frac{1}{4n + 2} \to \frac{1}{2}$$

für $n \to \infty$, weshalb $\sum_{k=1}^{\infty} \frac{1}{4k^2 - 1} = \frac{1}{2}$.

3.2   Vergleichskriterien

3.2.1 (i)   Wegen $\sqrt{k} < k$ für $k \geq 2$ gilt

$$\sqrt{k+1} - \sqrt{k} = \frac{\left(\sqrt{k+1} - \sqrt{k}\right)\left(\sqrt{k+1} + \sqrt{k}\right)}{\sqrt{k+1} + \sqrt{k}}$$

$$= \frac{1}{\sqrt{k+1} + \sqrt{k}} > \frac{1}{2k+1} \geq \frac{1}{3k}$$

für alle $k \in \mathbb{N}$. Die (harmonische) Reihe $\sum\limits_{k=1}^{\infty} \frac{1}{3k}$ ist damit eine divergente Minorante von $\sum\limits_{k=1}^{\infty} \left(\sqrt{k+1} - \sqrt{k}\right)$, welche daher (bestimmt) divergiert.

(viii) Laut Beispiel 2.4.5 gilt

$$\left(1 + \frac{1}{n}\right)^n \uparrow e, \quad \left(1 - \frac{1}{n}\right)^{-n} \downarrow e,$$

weshalb

$$0 \leq e - \left(1 + \frac{1}{n}\right)^n \leq \left(1 - \frac{1}{n}\right)^{-n} - \left(1 + \frac{1}{n}\right)^n$$

$$\leq \frac{\left(1 - \frac{1}{2}\right)^{-2}}{n} = \frac{4}{n}$$

für $n \geq 2$, wiederum aufgrund von 2.4.5 (IV). Damit ist $\sum\limits_{k=1}^{\infty} \frac{4}{k^2}$ eine konvergente Majorante von $\sum\limits_{k=1}^{\infty} \frac{1}{k}\left(e - \left(1 + \frac{1}{k}\right)^k\right)$, welche daher konvergiert.

3.2.4 (i) Sei $\varepsilon > 0$. Wähle $N \in \mathbb{N}$ so, dass $n^2 \left|a_{n+1} - a_n\right| < \varepsilon/2$ für $n \geq N$. Wegen $\sum\limits_{k=1}^{\infty} \frac{1}{k^2} \leq 2$ gilt dann für alle $n > m \geq N$:

$$\left|a_n - a_m\right| = \left|\sum_{k=m}^{n-1} (a_{k+1} - a_k)\right|$$

$$\leq \sum_{k=m}^{n-1} \frac{k^2 \left|a_{k+1} - a_k\right|}{k^2}$$

$$< \frac{\varepsilon}{2} \sum_{k=m}^{n-1} \frac{1}{k^2} < \varepsilon.$$

Nach dem Cauchyschen Konvergenzkriterium ist die Folge $(a_n)_{n \in \mathbb{N}}$ deshalb konvergent.

3.2.6 (v) Es gilt

$$\frac{\frac{2^{k+1}(k+1)!}{(k+1)^{k+1}}}{\frac{2^k k!}{k^k}} = \frac{2(k+1)k^k}{(k+1)^{k+1}} = 2\left(1+\frac{1}{k}\right)^{-k}$$

$$\to \frac{2}{e} \text{ für } k \to \infty.$$

Wegen $\left(1+\frac{1}{n}\right)^n < e$ für alle $n \in \mathbb{N}$ gilt insbesondere, dass $2 < e$, weshalb $\frac{2}{e} < 1$. Nach dem Quotientenkriterium ist deshalb die Reihe $\sum\limits_{k=1}^{\infty} \frac{2^k k!}{k^k}$ konvergent. Mit Hilfe der Ungleichung $(1+a)^n \geq 1 + na + \frac{n(n-1)}{2}a^2$ für alle $a \geq 0$, $n \in \mathbb{N}$ kann man auch direkt zeigen, dass

$$2\left(1+\frac{1}{k}\right)^{-k} \leq \frac{2}{2+\frac{k-1}{2k}} \to \frac{2}{2+\frac{1}{2}} = \frac{4}{5} < 1$$

für $k \to \infty$ gilt.

3.2.7 (i) Hinweis: Man zeige zunächst, dass für alle $n \in \mathbb{N}_0$:

$$e = \sum_{k=0}^{\infty} \frac{1}{k!} < \sum_{k=0}^{n} \frac{1}{k!} + \frac{e}{(n+1)!}.$$

3.2.8 Hinweis: Wegen

$$\frac{\binom{2k+2}{k+1} \cdot \frac{1}{4^{k+1}}}{\binom{2k}{k} \cdot \frac{1}{4^k}} = \frac{(2k+2)(2k+1)}{4(k+1)^2}$$

$$= \frac{2k+1}{2(k+1)} \to 1$$

für $k \to \infty$ ist das Quotientenkriterium nicht anwendbar. Man versuche, eine Verschärfung des Quotientenkriteriums anzuwenden.

3.3   Potenzreihen

3.3.1 (ii) Wegen Beispiel 2.3.5 (ii) gilt

$$1 \leq \sqrt[k]{\sqrt{k+2}} = \sqrt[2k]{k+2} \leq \sqrt[2k]{2k} \to 1$$

für $k \to \infty$. Nach dem Einschließungskriterium ist daher

$$\limsup_{k\to\infty} \sqrt[k]{\sqrt{k+2}} = \lim_{k\to\infty} \sqrt[k]{\sqrt{k+2}} = 1,$$

weshalb $R = 1$ der Konvergenzradius der Potenzreihe $\sum\limits_{k=0}^{\infty} \frac{x^k}{\sqrt{k+2}}$ ist.

(v) Ein wenig Vorsicht ist geboten, weil $\sum\limits_{k=1}^{\infty} \frac{2^k}{k} x^{3k}$ eine Lückenreihe ist. Setzen wir

$$a_n := \begin{cases} \frac{2^k}{k} & \text{für } n = 3k,\ k \in \mathbb{N} \\ 0 & \text{sonst,} \end{cases}$$

so gilt

$$\sqrt[n]{|a_n|} = \begin{cases} \sqrt[3k]{\frac{2^k}{k}} & \text{für } n = 3k \\ 0 & \text{sonst.} \end{cases}$$

Wegen

$$\sqrt[3k]{\frac{2^k}{k}} = \sqrt[3]{\frac{2}{\sqrt[k]{k}}} \to \sqrt[3]{\frac{2}{1}} = \sqrt[3]{2}$$

für $k \to \infty$ ist

$$\limsup_{n\to\infty} \sqrt[n]{|a_n|} = \sqrt[3]{2},$$

weshalb $R = \frac{1}{\sqrt[3]{2}}$ der Konvergenzradius von $\sum\limits_{k=1}^{\infty} \frac{2^k}{k} x^{3k}$ ist.

(ix) Wegen $\sqrt[k]{k^2} = \left(\sqrt[k]{k}\right)^2 \to 1^2 = 1$ ist $R = 1$ der Konvergenzradius von $\sum\limits_{k=0}^{\infty} k^2 x^k$.

Für $x = 1$ ist $\sum\limits_{k=0}^{\infty} k^2$ (bestimmt) divergent und für $x = -1$ gilt

$$\sum_{k=0}^{2N}(-1)^k k^2 = (-1+4) + (-9+16) + \ldots + (-(2N-1)^2 + (2N)^2)$$

$$= \sum_{\ell=1}^{N}\left((2\ell)^2 - (2\ell-1)^2\right)$$

$$= \sum_{\ell=1}^{N}(4\ell - 1) \to \infty$$

für $N \to \infty$, weshalb $\sum\limits_{k=0}^{\infty}(-1)^k k^2$ divergiert.

(x) Es gilt

$$\frac{\binom{2k+2}{k+1}}{\binom{2k}{k}} = \frac{(2k+2)(2k+1)}{(k+1)^2} = \frac{2(2k+1)}{k+1} \to 4$$

für $k \to \infty$. Aufgrund von Satz 3.2.19 ist deshalb $R = \frac{1}{4}$ der Konvergenzradius von $\sum\limits_{k=0}^{\infty} \binom{2k}{k} x^k$.

3.3.2 Für $x \neq 0$ gilt

$$\left| \frac{\frac{k+1}{x^{k+1}}}{\frac{k}{x^k}} \right| = \frac{k+1}{k} \frac{1}{|x|} \to \frac{1}{|x|} \text{ für } k \to \infty.$$

Nach dem Quotientenkriterium ist die Reihe $\sum\limits_{k=1}^{\infty} \frac{k}{x^k}$ daher für $|x| > 1$ konvergent und für $|x| < 1$ divergent. Für $|x| = 1$ gilt

$$\left| \frac{k}{x^k} \right| = k \to \infty \text{ für } k \to +\infty$$

und deshalb ist die Reihe dort divergent, denn anderenfalls müsste ja $\left(\frac{k}{x^k} \right)_{k \in \mathbb{N}}$ eine Nullfolge sein.

3.3.3 (i) Laut Aufgabe 2.3.3 gilt $\lim\limits_{k\to\infty} \frac{f_{k+2}}{f_{k+1}} = g$. Aus Satz 3.2.19 folgt deshalb, dass

$$\lim_{k \to \infty} \sqrt[k+1]{f_{k+1}} = g,$$

weshalb $R := \frac{1}{g}$ der Konvergenzradius der Potenzreihe

$$P(x) = \sum_{k=0}^{\infty} f_{k+1} x^k$$

ist.

(ii) Für $|x| < \frac{1}{g}$ gilt dann

$$(1 - x - x^2)P(x) = \sum_{k=0}^{\infty} f_{k+1} x^k - \sum_{k=0}^{\infty} f_{k+1} x^{k+1} - \sum_{k=0}^{\infty} f_{k+1} x^{k+2}$$

$$= \sum_{k=0}^{\infty} f_{k+1} x^k - \sum_{k=1}^{\infty} f_k x^k - \sum_{k=2}^{\infty} f_{k-1} x^k$$

$$= f_1 + f_2 x + f_1 x + \sum_{k=2}^{\infty} (f_{k+1} - f_k - f_{k-1}) x^k$$

$$= 1$$

auf Grund der Konvergenz aller Reihen und weil $f_1 = f_2 = 1$, $f_{k+1} = f_k + f_{k-1}$ für alle $k \in \mathbb{N}$.

3.4   Partielle Summation

3.4.2 (vi) Wegen

$$\sqrt{k+1} - \sqrt{k} = \frac{\left(\sqrt{k+1} - \sqrt{k}\right)\left(\sqrt{k+1} + \sqrt{k}\right)}{\sqrt{k+1} + \sqrt{k}}$$

$$= \frac{1}{\sqrt{k+1} + \sqrt{k}} \downarrow 0$$

konvergiert $\sum\limits_{k=1}^{\infty} (-1)^k \left(\sqrt{k+1} - \sqrt{k}\right)$ nach dem Leibniz–Kriterium.

Die Reihe konvergiert nur bedingt, denn wegen Aufgabe 3.2.1(i) divergiert die Reihe $\sum\limits_{k=1}^{\infty} \left(\sqrt{k+1} - \sqrt{k}\right)$.

3.5   Der Umordnungssatz

3.5.1 Wir schreiben

$$s = \sum_{k=1}^{\infty} \frac{(-1)^{k+1}}{k} = 1 - \frac{1}{2} + \frac{1}{3} - \frac{1}{4} + - \dots .$$

Dann ist

$$\frac{s}{2} = \sum_{k=1}^{\infty} \frac{(-1)^{k+1}}{2k} = \frac{1}{2} - \frac{1}{4} + \frac{1}{6} - \frac{1}{8} + - \dots ,$$

also

$$s = \sum_{k=1}^{\infty} a_k, \quad a_k = \frac{(-1)^{k+1}}{k} \text{ für } k \in \mathbb{N},$$

$$\frac{s}{2} = \sum_{k=1}^{\infty} b_k, \quad b_k = \begin{cases} \frac{(-1)^{k+1}}{k} & \text{für } k = 2\ell, \ \ell \in \mathbb{N}, \\ 0 & \text{für } k = 2\ell - 1, \ \ell \in \mathbb{N}. \end{cases}$$

Hieraus folgt, dass

$$\frac{3s}{2} = \sum_{k=1}^{\infty} (a_k + b_k) = \sum_{k=1}^{\infty} c_k,$$

$$c_k = \begin{cases} \frac{1}{2\ell-1} & \text{für } k = 2\ell - 1, \ \ell \in \mathbb{N}, \\ 0 & \text{für } k = 2(2\ell - 1), \ \ell \in \mathbb{N}, \\ -\frac{1}{2\ell} & \text{für } k = 4\ell, \ \ell \in \mathbb{N}. \end{cases}$$

Man zeige noch, dass $c_k = a'_k = a_{k_m}$ für alle $m \in \mathbb{N}$ gilt, wobei $k : \mathbb{N} \to \mathbb{N}$, $k(m) = k_m$ eine bijektive Abbildung ist.

3.6   Doppelfolgen

3.6.1 (ii) Es gilt

$$0 \le a_{k\ell} = \frac{k + \ell^2}{k\ell^2} = \frac{1}{\ell^2} + \frac{1}{k} \to 0 \text{ für } k, \ell \to \infty.$$

Daher haben wir $\lim\limits_{k,\ell\to\infty} \frac{k+\ell^2}{k\ell^2} = 0$. Für festes $k \in \mathbb{N}$ gilt

$$\frac{k + \ell^2}{k\ell^2} = \frac{1}{\ell^2} + \frac{1}{k} \to \frac{1}{k} \text{ für } \ell \to \infty$$

und für festes $\ell \in \mathbb{N}$

$$\frac{k + \ell^2}{k\ell^2} = \frac{1}{\ell^2} + \frac{1}{k} \to \frac{1}{\ell^2} \text{ für } k \to \infty.$$

Es ergibt sich für die iterierten Grenzwerte:

$$\lim_{\ell\to\infty} \left(\lim_{k\to\infty} \frac{k + \ell^2}{k\ell^2} \right) = \lim_{\ell\to\infty} \frac{1}{\ell^2} = 0$$

$$= \lim_{k\to\infty} \frac{1}{k} = \lim_{k\to\infty} \left(\lim_{\ell\to\infty} \frac{k + \ell^2}{k\ell^2} \right) = \lim_{k,\ell\to\infty} \frac{k + \ell^2}{k\ell^2}.$$

3.7   Doppelreihen

3.7.1 Es sei $k \ge 2$ fest. Dann gilt

$$\sum_{\ell=2}^{\infty} \frac{1}{k^\ell} = \frac{1}{k^2} \sum_{\ell=0}^{\infty} \left(\frac{1}{k} \right)^\ell = \frac{1}{k^2} \frac{1}{1 - \frac{1}{k}} = \frac{1}{k - 1} - \frac{1}{k},$$

weil die geometrische Reihe konvergiert. Also ist

$$\sum_{k=2}^{\infty} \left(\sum_{\ell=2}^{\infty} \frac{1}{k^\ell} \right) = \lim_{N\to\infty} \sum_{k=2}^{N} \left(\frac{1}{k - 1} - \frac{1}{k} \right) = \frac{1}{2 - 1} = 1$$

als Teleskopsumme. Damit ist die iterierte Reihe $\sum\limits_{k=2}^{\infty} \left(\sum\limits_{\ell=2}^{\infty} \frac{1}{k^\ell} \right)$ (absolut) konvergent. Nach dem Cauchyschen Doppelreihensatz konvergiert deswegen auch die Doppelreihe $\sum\limits_{k,\ell=2}^{\infty} \frac{1}{k^\ell}$ und es gilt

$$\sum_{k,\ell=2}^{\infty} \frac{1}{k^\ell} = \sum_{k=2}^{\infty} \left(\sum_{\ell=2}^{\infty} \frac{1}{k^\ell} \right) = 1.$$

3.7.2 (i) Hinweis: Man betrachte die Summe

$$\sum_{\substack{\ell=1 \\ \ell \neq k}}^{n} \left(\frac{1}{k-\ell} + \frac{1}{k+\ell} \right).$$

3.7.4 Hinweis: Es ist

$$\frac{1+x^k}{1-x^k} = 1 + \frac{2x^k}{1-x^k}.$$

3.8   Produkte von Reihen

3.8.1 (i) Es gilt

$$\sin x \sin x' = \left(\sum_{k=0}^{\infty} (-1)^k \frac{x^{2k+1}}{(2k+1)!} \right) \left(\sum_{k=0}^{\infty} (-1)^k \frac{(x')^{2k+1}}{(2k+1)!} \right)$$

$$= \sum_{k=0}^{\infty} \sum_{\ell=0}^{k} (-1)^\ell \frac{x^{2\ell+1}}{(2\ell+1)!} (-1)^{k-\ell} \frac{(x')^{2(k-\ell)+1}}{(2(k-\ell)+1)!}$$

$$= \sum_{k=0}^{\infty} (-1)^k \sum_{\substack{m=1 \\ m \text{ ungerade}}}^{2k+1} \frac{x^m (x')^{2(k+1)-m}}{m!(2(k+1)-m)!}$$

$$= \sum_{k=1}^{\infty} (-1)^{k-1} \sum_{\substack{m=1 \\ m \text{ ungerade}}}^{2k-1} \frac{x^m (x')^{2k-m}}{m!(2k-m)!}$$

$$= -\sum_{k=1}^{\infty} \frac{(-1)^k}{(2k)!} \sum_{\substack{\ell=1 \\ \ell \text{ ungerade}}}^{2k-1} \binom{2k}{\ell} x^\ell (x')^{2k-\ell}.$$

(ii) Zusammen mit

$$\cos x \cos x' = \left(\sum_{k=0}^{\infty} (-1)^k \frac{x^{2k}}{(2k)!} \right) \left(\sum_{k=0}^{\infty} (-1)^k \frac{(x')^{2k}}{(2k)!} \right)$$

$$= \sum_{k=0}^{\infty} \sum_{\ell=0}^{k} (-1)^\ell \frac{x^{2\ell}}{(2\ell)!} (-1)^{k-\ell} \frac{(x')^{2(k-\ell)}}{(2(k-\ell))!}$$

$$= \sum_{k=0}^{\infty} (-1)^k \sum_{\substack{m=0 \\ m \text{ gerade}}}^{2k} \frac{x^m (x')^{2k-m}}{m!(2k-m)!}$$

$$= \sum_{k=0}^{\infty} \frac{(-1)^k}{(2k)!} \sum_{\substack{\ell=0 \\ \ell \text{ gerade}}}^{2k} \binom{2k}{\ell} x^\ell (x')^{2k-\ell}$$

folgt hieraus, dass

$$\cos x \cos x' - \sin x \sin x' = \sum_{k=0}^{\infty} \frac{(-1)^k}{(2k)!} \sum_{\ell=0}^{2k} \binom{2k}{\ell} x^\ell (x')^{2k-\ell}$$

$$= \sum_{k=0}^{\infty} (-1)^k \frac{(x+x')^{2k}}{(2k)!} = \cos(x+x').$$

3.8.2 Hinweis: Man schreibe

$$\frac{a_0}{P(x)} = \frac{1}{1 - \left(-\sum_{k=1}^{\infty} \frac{a_k}{a_0} x^k\right)} = \sum_{\ell=0}^{\infty} \left(-\sum_{k=1}^{\infty} \frac{a_k}{a_0} x^k\right)^\ell$$

und wende den Cauchyschen Produktsatz und den Cauchyschen Doppelreihensatz an.

4 Stetige Funktionen einer Variablen

4.1 Reelle Funktionen

4.1.2 (I) Zunächst gilt für alle $x \geq 0$:

$$\sqrt{x} - x = f(x) \leq y^+ \Leftrightarrow x \leq (x + y^+)^2 = x^2 + 2y^+ x + (y^+)^2$$

$$\Leftrightarrow 0 \leq x^2 + 2\frac{2y^+ - 1}{2}x + (y^+)^2$$

$$= \left(x + \frac{2y^+ - 1}{2}\right)^2 + \frac{4y^+ - 1}{4}.$$

Setzt man $x := -\frac{2y^+ - 1}{2}$, so folgt $y^+ \geq \frac{1}{4}$.

(II) Andererseits gilt

$$y^+ = f(x^+) = \sqrt{x^+} - x^+ \Leftrightarrow 0 = \left(x^+ + \frac{2y^+ - 1}{2}\right)^2 + \frac{4y^+ - 1}{4} \geq \frac{4y^+ - 1}{4}.$$

Hieraus folgt, dass $y^+ \leq \frac{1}{4}$, also $y^+ = \frac{1}{4}$ und damit $x^+ = \frac{1}{4}$.

(III) Umgekehrt gilt tatsächlich, dass $f(x) \leq f\left(\frac{1}{4}\right) = \frac{1}{4}$ für alle $x \geq 0$.

4.1.3 (I) Wegen $f(0) + f(0) = f(0)$ muss $f(0) = 0$ sein. Wegen $0 = f(0) = f(x - x) = f(x) + f(-x)$ gilt weiterhin $f(-x) = -f(x)$ für alle $x \in \mathbb{R}$.

(II) Sei $c := f(1)$. Wir behaupten, dass für alle $x = \frac{p}{q} \in \mathbb{Q}$, $p \in \mathbb{Z}$, $q \in \mathbb{N}$:

$$f(x) = cx.$$

Zunächst zeigt man induktiv für alle $p \in \mathbb{N}$, dass

$$f(p) = f(\underbrace{1 + \cdots + 1}_{p\text{-mal}}) = \underbrace{f(1) + \cdots + f(1)}_{p\text{-mal}}$$

$$= pf(1) = cp.$$

Wegen (I) gilt dies für alle $p \in \mathbb{Z}$. Dann zeigt man durch vollständige Induktion über q für alle $p \in \mathbb{Z}, q \in \mathbb{N}$, dass

$$f(p) = f\left(\underbrace{\frac{p}{q} + \cdots + \frac{p}{q}}_{q-\text{mal}}\right) = \underbrace{f\left(\frac{p}{q}\right) + \cdots + f\left(\frac{p}{q}\right)}_{q-\text{mal}}$$

$$= qf\left(\frac{p}{q}\right),$$

weshalb

$$f\left(\frac{p}{q}\right) = \frac{1}{q}f(p) = \frac{p}{q}f(1) = c\,\frac{p}{q}$$

für alle $p \in \mathbb{Z}, q \in \mathbb{N}$ gilt.

(III) Sei $x \in \mathbb{R}$. Wähle zwei Folgen $(x_n)_{n\in\mathbb{N}}, (x'_n)_{n\in\mathbb{N}}$ in $\mathbb{Q}$ mit $x_n \uparrow x$, $x'_n \downarrow x$. Wegen $x_n \leq x \leq x'_n$ für alle $n \in \mathbb{N}$ folgt aus der Monotonie von f, dass

$$cx_n = f(x_n) \leq f(x) \leq f(x'_n) = cx'_n.$$

Nach dem Einschließungskriterium muss deshalb

$$f(x) = cx = \lim_{n\to\infty} f(x_n) = \lim_{n\to\infty} f(x'_n)$$

sein.

4.2   Polynome und rationale Funktionen

4.2.1 Sei $x \in \mathbb{R}$. Dann gilt

$$\sum_{k=0}^{n} a_k x^k = P(x) = P(-x) = \sum_{k=0}^{n} (-1)^k a_k x^k$$

genau dann, wenn

$$\sum_{\substack{k=0 \\ k \text{ ungerade}}}^{n} a_k x^k = 0.$$

Für $k = 0, 1, \ldots, n$ sei

$$b_k := \begin{cases} a_k & \text{für } k \text{ ungerade} \\ 0 & \text{für } k \text{ gerade.} \end{cases}$$

Dann gilt

$$\sum_{k=0}^{n} b_k x^k = 0 \text{ für alle } x \in \mathbb{R}.$$

Aus dem Identitätssatz für Polynome folgt, dass $b_k = 0$ für $k = 0, 1, \ldots, n$, also dass $a_k = 0$ für alle ungeraden k.

4.2.3 (iv) Zunächst bestimmen wir die Produktdarstellung des Nenners $x^4 + 4$. Mit dem Euklidischen Algorithmus ist

$$
\begin{array}{l}
(x^4 + 4) : (x^2 + ax + b) = x^2 - ax + (a^2 - b) \\
\underline{-(x^4 + ax^3 + bx^2)} \\
\quad\ - ax^3 - bx^2 + 4 \\
\quad\ \underline{-(-ax^3 - a^2x^2 - abx)} \\
\quad\quad\ (a^2 - b)x^2 + abx + 4 \\
\quad\quad\ \underline{-((a^2 - b)x^2 + a(a^2 - b)x + b(a^2 - b))} \\
\quad\quad\quad\quad\quad\quad\quad\quad\quad\quad 0
\end{array}
$$

genau dann, wenn

$$ab = a(a^2 - b), \ 4 = b(a^2 - b).$$

Für $a = b = 2$ sind diese Bedingungen erfüllt, deshalb ist

$$x^4 + 4 = (x^2 + 2x + 2)(x^2 - 2x + 2).$$

Die Partialbruchzerlegung von $\frac{x}{x^4+4}$ lautet also

$$\frac{x}{x^4 + 4} = \frac{B_1 x + C_1}{x^2 + 2x + 2} + \frac{B_2 x + C_2}{x^2 - 2x + 2}.$$

Multiplikation mit $(x^2 + 2x + 2)(x^2 - 2x + 2)$ liefert

$$
\begin{aligned}
x &= (B_1 x + C_1)(x^2 - 2x + 2) + (B_2 x + C_2)(x^2 + 2x + 2) \\
&= (B_1 + B_2)x^3 + (2B_2 - 2B_1 + C_1 + C_2)x^2 \\
&\quad + (2B_1 + 2B_2 - 2C_1 + 2C_2)x + 2C_1 + 2C_2.
\end{aligned}
$$

Der Koeffizientenvergleich ergibt $B_2 = -B_1 = 0$ und $C_2 = -C_1 = \frac{1}{4}$, weshalb

$$\frac{x}{x^4 + 4} = -\frac{1}{4(x^2 + 2x + 2)} + \frac{1}{4(x^2 - 2x + 2)}.$$

4.3 Der Limes einer Funktion

4.3.1 (ii) Für alle $x \neq 0$ ist

$$\frac{\sqrt{1 + x^2} - 1}{|x|} \leq |x|,$$

weshalb $\lim\limits_{x \,\downarrow\, 0} \frac{\sqrt{1+x^2}-1}{x} = 0.$

4.3.3 Es gilt $\sin x = \sum\limits_{k=0}^{\infty} (-1)^k \frac{x^{2k+1}}{(2k+1)!}$, weshalb

$$x^7 f(x) = -60x + 7x^3 + 60 \sum_{k=0}^{\infty} (-1)^k \frac{x^{2k+1}}{(2k+1)!} + 3 \sum_{k=0}^{\infty} (-1)^k \frac{x^{2k+3}}{(2k+1)!}$$

$$= 7x^3 + \sum_{k=1}^{\infty} (-1)^k \left(\frac{60}{(2k+1)!} - \frac{3}{(2k-1)!} \right) x^{2k+1}$$

$$= \left(7 - \frac{60}{3!} + \frac{3}{1} \right) x^3 + \left(\frac{60}{5!} - \frac{3}{3!} \right) x^5 + \left(-\frac{60}{7!} + \frac{3}{5!} \right) x^7$$

$$+ \sum_{k=4}^{\infty} (-1)^k \left(\frac{60}{(2k+1)!} - \frac{3}{(2k-1)!} \right) x^{2k+1}$$

$$= \frac{11}{840} x^7 + x^7 \sum_{k=1}^{\infty} (-1)^k \left(\frac{3}{(2k+5)!} - \frac{60}{(2k+7)!} \right) x^{2k}.$$

Damit ist

$$\lim_{x \to 0} f(x) = \frac{11}{840}.$$

4.4   Stetige Funktionen

4.4.10 (I) $f : \mathbb{R} \to \mathbb{R}$ erfülle die Gleichung

$$f^2(x)(1 + x^2 f^2(x)) = x^2 \text{ für alle } x \in \mathbb{R}. \tag{4.1}$$

Für $x = 0$ folgt, dass $f(0) = w(0) := 0$. Sei $x \neq 0$. Dann gilt

$$0 = x^2 \left(f^4(x) + \frac{f^2(x)}{x^2} + \frac{1}{4x^4} - \frac{1 + 4x^4}{4x^4} \right)$$

$$= x^2 \left(\left(f^2(x) + \frac{1}{2x^2} \right)^2 - \frac{1 + 4x^4}{4x^4} \right),$$

weshalb

$$f^2(x) = \frac{-1 \pm \sqrt{1 + 4x^4}}{2x^2}.$$

Wegen $f^2(x) \geq 0$ folgt, dass

$$f(x) = \pm w(x) := \pm \sqrt{\frac{\sqrt{1 + 4x^4} - 1}{2x^2}} \text{ für } x \neq 0.$$

(II) Wegen

$$\lim_{x \to 0} \frac{\sqrt{1 + 4x^4} - 1}{2x^2} = \lim_{x \to 0} \frac{2x^2}{\sqrt{1 + 4x^4} + 1} = 0$$

gilt $\lim_{x \to 0} w(x) = 0 = w(0)$. Deshalb sind genau die Funktionen

$$f(x) := \operatorname{sgn}(x)w(x)$$

im Punkt $a = 0$ stetig, dabei ist $\operatorname{sgn}(x) = \pm 1$ ein vom Punkt x abhängiges Vorzeichen.

(III) Für $a \neq 0$ sind zu gegebenem $\delta > 0$ die Funktionen

$$f(x) := \begin{cases} w(x) & \text{für } |x - a| \leq \delta \\ \pm w(x) & \text{für } |x - a| > \delta \end{cases}$$

und

$$g(x) := \begin{cases} -w(x) & \text{für } |x - a| \leq \delta \\ \pm w(x) & \text{für } |x - a| > \delta \end{cases}$$

im Punkt $x = a$ stetig, und dies sind auch alle im Punkt $x = a$ stetigen Funktionen (welche die Gleichung (4.1) erfüllen).

(IV) Die 4 Funktionen

$$f_{1,2}(x) := \pm w(x),$$

$$f_3(x) := \begin{cases} w(x) & \text{für } x \geq 0 \\ -w(x) & \text{für } x < 0, \end{cases}$$

$$f_4(x) := -f_3(x) \text{ für alle } x \in \mathbb{R}$$

sind genau diejenigen auf ganz $\mathbb{R}$ stetigen Funktionen, welche (4.1) erfüllen.

4.4.13 Aufgrund von Satz 4.4.5 ist f stetig in $D = \{ x \in \mathbb{R} \mid x \neq \pm 1 \}$. Sei $g(x) := \frac{1}{x^2}$ für $x \neq 0$. Sei $\tilde{D}_r := \{ x \in \mathbb{R} \mid |x| \geq r \}$. Sei $\varepsilon > 0$. Für alle $x, x' \in \tilde{D}_r$ gilt dann

$$|g(x) - g(x')| = \frac{\left|(x')^2 - x^2\right|}{|x|^2 |x'|^2} = \frac{|x + x'| |x - x'|}{|x|^2 |x'|^2}$$

$$\leq \frac{|x| + |x'|}{|x|^2 |x'|^2} |x - x'|$$

$$\leq \frac{2}{r^3} |x - x'| < \frac{\varepsilon}{2}$$

für $|x - x'| < \delta := \frac{r^3}{4}\varepsilon$. Hieraus folgt, dass

$$|f(x) - f(x')| < \varepsilon \quad \forall x, x' \in D_r, |x - x'| < \delta.$$

4.5   Stetige Funktionen auf kompakten Intervallen

4.5.1 Seien $(x_n)_{n\in\mathbb{N}}$, $(x'_n)_{n\in\mathbb{N}}$ in zwei Folgen in I mit $x_n \to 1$, $x'_n \to 1$ für $n \to \infty$. Wir betrachten die Folge $(f(x_n))_{n\in\mathbb{N}}$. Da f in I gleichmäßig stetig ist, gibt es zu jedem $\epsilon > 0$ ein $\delta = \delta(\epsilon) > 0$, so dass

$$|f(x_n) - f(x_m)| < \varepsilon \text{ für } |x_n - x_m| < \delta.$$

Da $(x_n)_{n\in\mathbb{N}}$ eine Cauchy-Folge ist, gibt es zu jedem $\delta > 0$ ein $N = N(\delta)$, so dass

$$|x_n - x_m| < \delta \text{ für } n, m \geq N.$$

So folgt, dass

$$|f(x_n) - f(x_m)| < \varepsilon \text{ falls } n, m \geq N(\delta(\epsilon))$$

ist. Also ist $(f(x_n))_{n\in\mathbb{N}}$ eine Cauchy-Folge in $\mathbb{R}$ und deshalb konvergent. Ebenso ist $(f(x'_n))_{n\in\mathbb{N}}$ eine Cauchy-Folge. Weil $\lim\limits_{n\to\infty} x'_n = \lim\limits_{n\to\infty} x_n = 1$ ist, gibt es zu jedem $\delta > 0$ ein $N' = N'(\delta)$, so dass

$$|x_n - x'_n| < \delta \text{ für } n \geq N'.$$

Also ist

$$|f(x_n) - f(x'_n)| < \varepsilon \text{ für } |x_n - x'_n| < \delta(\varepsilon)$$

und deshalb folgt, dass

$$|f(x_n) - f(x'_n)| < \varepsilon \text{ für } n \geq N'(\delta(\varepsilon)).$$

Also ist

$$\lim_{n\to\infty} f(x'_n) = \lim_{n\to\infty} f(x_n),$$

weshalb der Grenzwert

$$F(1) := \lim_{x\to 1} f(x)$$

wohldefiniert ist. Diese Stetigkeit von F rechnet man sofort nach.

4.5.3 Es sei $g(x) := x - f(x)$ für $x \in [a,b]$. Dann gilt

$$g(a) = a - f(a) \leq 0, \quad g(b) = b - f(b) \geq 0,$$

weil $a \leq f(x) \leq f(b)$ für alle $x \in [a,b]$.
1. *Fall:* Gilt $g(a) = 0$ oder $g(b) = 0$, so folgt $f(a) = a$ oder $f(b) = b$ und wir können $x_0 = a$ oder $x_0 = b$ setzen.
2. *Fall:* Ist $g(a) \neq 0$ und $g(b) \neq 0$, d. h.

$$g(a) < 0 \text{ und } g(b) > 0,$$

so folgt $0 \in (g(a), g(b))$ und nach dem Zwischenwertsatz von Bolzano existiert ein $x_0 \in (a,b)$ mit $g(x_0) = 0$, d. h. es gilt $f(x_0) = x_0$.

4.5.4 Hinweis: Sei $1 + x$ die Länge der Mittelsenkrechten auf die Basis des Dreiecks. Gehört der Mittelpunkt des Kreises zum Dreieck, so ist $x > 0$. Der Flächeninhalt ist dann gleich $(1+x)\sqrt{1-x^2}$ und der Umfang gleich $2\sqrt{1-x^2} + 2\sqrt{2(1+x)}$ (vergleiche Abbildung 4.1).

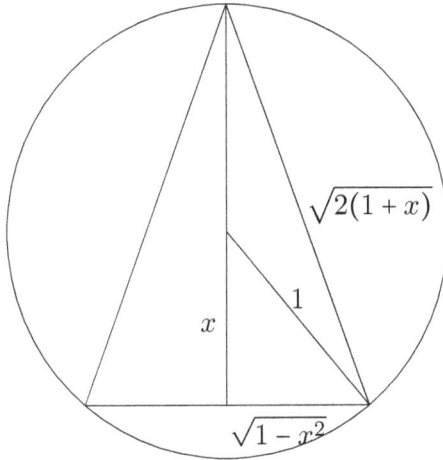

Abbildung 4.1: Zu Aufgabe 4.5.4

4.6   Monotone Funktionen

4.6.1 (I) Für $0 < x < x'$ gilt $x(1+x') < x'(1+x)$, also $f(x) < f(x')$. Für $x < x' < 0$ gilt $x(1-x') < x'(1-x)$, weshalb $f(x) = \frac{x}{1-x} < \frac{x'}{1-x'} = f(x')$. Für $x < 0 < x'$ gilt $f(x) < f(0) = 0 < f(x')$. Deshalb ist f streng monton wachsend auf $\mathbb{R}$.

(II) Es gilt

$$\lim_{x \to -\infty} f(x) = \lim_{x \to -\infty} \frac{x}{1-x} = \lim_{x \to -\infty} \frac{1}{\frac{1}{x}-1} = -1,$$

$$\lim_{x \to \infty} f(x) = \lim_{x \to \infty} \frac{x}{1+x} = \lim_{x \to \infty} \frac{1}{\frac{1}{x}+1} = 1.$$

Nach dem Hauptsatz über monotone Funktionen ist $f : \mathbb{R} \to (-1,1)$ deshalb bijektiv.

(III) Für $x > 0$ gilt $y = f(x) > 0$, weshalb

$$y = f(x) = \frac{x}{1+x} \Leftrightarrow x = f^{-1}(y) = \frac{y}{1-y}.$$

Für $x < 0$ ist $y = f(x) < 0$, weshalb

$$y = f(x) = \frac{x}{1-x} \Leftrightarrow x = f^{-1}(y) = \frac{y}{1+y}.$$

Damit ist die Umkehrfunktion $f^{-1} : (-1,1) \to \mathbb{R}$ gegeben durch

$$f^{-1}(y) = \frac{y}{1-|y|}.$$

4.6.4 Aus $a_n \to 0$ folgt sofort, dass $G_n \to 0$. Sei also $a_n \to a > 0$. Dann gilt $\log a_n \to \log a$ und deshalb $\frac{1}{n} \sum\limits_{k=1}^{n} \log a_k \to \log a$. Aus der inversen Relation $\exp(\log x) = x$ für alle $x > 0$ und der Funktionalgleichung für den Logarithmus folgt, dass

$$G_n = \sqrt[n]{\prod_{k=1}^{n} a_k} = \exp\left(\log \sqrt[n]{\prod_{k=1}^{n} a_k}\right)$$

$$= \exp\left(\frac{1}{n} \log \prod_{k=1}^{n} a_k\right)$$

$$= \exp\left(\frac{1}{n} \sum_{k=1}^{n} \log a_k\right)$$

$$\to \exp(\log a) = a.$$

4.7   Gleichmäßige Konvergenz

4.7.1 Wir betrachten nur die Folge $(f_k)_{k\in\mathbb{N}}$, $f_k(x) := \frac{kx}{1+(kx)^2}$ für $k \in \mathbb{N}$, $x \in \mathbb{R}$.

(i) Für $x = 0$ gilt $f_k(0) = 0$ für alle $k \in \mathbb{N}$. Für festes $x \neq 0$ hingegen haben wir

$$f_k(x) = \frac{kx}{1+(kx)^2} = \frac{x}{\frac{1}{k} + kx^2} \to 0,$$

da $\frac{1}{k} + kx^2 \to \infty$ für $k \to \infty$. Deshalb gilt also für alle $x \in \mathbb{R}$ die punktweise Konvergenz der Folge $(f_k)_{k\in\mathbb{N}}$ gegen die Grenzfunktion $f(x) \equiv 0$.

(ii) Würde die Folge $(f_k)_{k\in\mathbb{N}}$ gleichmäßig auf $\mathbb{R}$ konvergieren, so würde sie gleichmäßig gegen den punktweisen Limes $f(x) \equiv 0$ konvergieren und man hätte, dass

$$\lim_{k\to\infty} \left(\sup_{x\in\mathbb{R}} |f_k(x)| \right) = \lim_{k\to\infty} \left(\sup_{x\in\mathbb{R}} |f_k(x) - f(x)| \right) = 0.$$

Wegen $f_k(\frac{1}{k}) = \frac{1}{2}$ für alle $k \in \mathbb{N}$ ist aber

$$\liminf_{k\to\infty} \left(\sup_{x\in\mathbb{R}} |f_k(x)| \right) \geq \frac{1}{2},$$

weshalb die Folge $(f_k)_{k\in\mathbb{N}}$ nicht gleichmäßig konvergiert.

4.8   Der Weierstraßsche Approximationssatz

4.8.2 Hinweis: Man zeige zunächst, dass

$$0 \leq P_n(x) \leq P_{n+1}(x) \leq \sqrt{x} \text{ für alle } x \in [0,1] \text{ und alle } n \in \mathbb{N}.$$

Man verwende außerdem den Satz von Dini.

4.9   Reihen von Funktionen

4.9.1 (ii) Sei $N \in \mathbb{N}_0$. Dann schreiben wir formal:

$$\sum_{k=1}^{\infty} \frac{1}{k^2 - x^2} = \sum_{k=1}^{2N+1} \frac{1}{k^2 - x^2} + \sum_{k=2N+2}^{\infty} \frac{1}{k^2 - x^2}.$$

Die Summe $\sum_{k=1}^{2N+1} \frac{1}{k^2-x^2}$ ist für $x \neq \pm 1, 2, \ldots, 2N+1$ stetig. Für $|x| < N+1$, $k \geq 2N+2$ schätzen wir ab:

$$k^2 - x^2 > k^2 - (N+1)^2 > k^2 - \frac{k^2}{2} = \frac{k^2}{2},$$

weshalb

$$0 < \frac{1}{k^2 - x^2} < \frac{2}{k^2} \text{ für } |x| < N+1, \ k \geq 2N+2.$$

Wegen $\sum_{k=2N+2}^{\infty} \frac{2}{k^2} < +\infty$ ist die Summe $\sum_{k=2N+2}^{\infty} \frac{1}{k^2-x^2}$ nach dem Weierstraß-schen M-Test daher für $|x| < N+1$ gleichmäßig konvergent und stellt deshalb eine stetige Funktion dar. Für alle $N \in \mathbb{N}_0$ ist also $\sum_{k=1}^{\infty} \frac{1}{k^2-x^2}$ für $|x| < N+1$,

$x \neq \pm 1, 2, \ldots, N$ stetig, d. h. die Reihe $\sum_{k=1}^{\infty} \frac{1}{k^2-x^2}$ ist in ihrem Definitionsbe-

reich $D = (\mathbb{R} \setminus \mathbb{Z}) \cup \{0\}$ stetig.

4.9.5 Laut Aufgabe 3.3.3(ii) ist $P(x) = \frac{1}{1-x-x^2}$ für $|x| < \frac{1}{g} = \frac{\sqrt{5}-1}{2}$. Die Wurzeln
der Gleichung $x^2 + x - 1$ sind $x_{1,2} = \frac{\pm\sqrt{5}-1}{2}$. Deshalb gilt für $|x| < \frac{\sqrt{5}-1}{2}$:

$$
\begin{aligned}
\frac{1}{1-x-x^2} &= \frac{-1}{\left(x - \frac{\sqrt{5}-1}{2}\right)\left(x + \frac{\sqrt{5}+1}{2}\right)} \\
&= \frac{1}{\sqrt{5}\left(\frac{\sqrt{5}-1}{2} - x\right)} + \frac{1}{\sqrt{5}\left(\frac{\sqrt{5}+1}{2} + x\right)} \\
&= \frac{\sqrt{5}+1}{2\sqrt{5}} \sum_{k=0}^{\infty} \left(\frac{\sqrt{5}+1}{2} x\right)^k + \frac{\sqrt{5}-1}{2\sqrt{5}} \sum_{k=0}^{\infty} \left(\frac{1-\sqrt{5}}{2} x\right)^k.
\end{aligned}
$$

Hieraus folgt, dass

$$
\sum_{k=0}^{\infty} f_{k+1} x^k = \sum_{k=0}^{\infty} \frac{1}{\sqrt{5}} \left(\left(\frac{1+\sqrt{5}}{2}\right)^{k+1} - \left(\frac{1-\sqrt{5}}{2}\right)^{k+1} \right) x^k
$$

für alle $|x| < \frac{\sqrt{5}-1}{2}$. Aus dem Identitätssatz für Potenzreihen (Aufgabe 4.9.3)
folgt, dass

$$
f_{k+1} = \frac{1}{\sqrt{5}} \left(\left(\frac{1+\sqrt{5}}{2}\right)^{k+1} - \left(\frac{1-\sqrt{5}}{2}\right)^{k+1} \right)
$$

für alle $k \in \mathbb{N}_0$. Deshalb gilt

$$
f_n = \frac{1}{\sqrt{5}} \left(\left(\frac{1+\sqrt{5}}{2}\right)^n - \left(\frac{1-\sqrt{5}}{2}\right)^n \right)
$$

für alle $n \in \mathbb{N}$. (Man vergleiche auch Aufgabe 2.3.4.)

5   Differentialrechnung einer Variablen

5.1   Differenzierbare Funktionen einer Variablen

5.1.1 Hinweis: Man benutze Aufgabe 4.3.2.

5.1.3 (i) Wegen $f'(x) = 3x^2$ ist

$$\tau_a(x) = f(a) + f'(a)(x-a) = a^3 + 3a^2(x-a) = 3a^2x - 2a^3$$

die Tangente im Punkt $(a, f(a))$.

(ii) Die Sekante durch die Punkte $(-1, -1)$ und $(2, 8)$ ist

$$\sigma(x) = -1 + \frac{8 - (-1)}{2 - (-1)}(x - (-1)) = 3x + 2.$$

Die Steigung ist 3. Gesucht sind alle Punkte $(a, f(a))$ mit $f'(a) = 3$, d. h.
$3a^2 = 3$, also $a = \pm 1$. In den Punkten $(-1, -1)$ und $(1, 1)$ ist die Tangente
parallel zu σ.

5.1.6 (i) Wegen $b > 1$ haben wir für alle $n \in \mathbb{N}$:

$$0 < a_{n+1}^+ = \frac{b^{\frac{1}{2^{n+1}}} - 1}{\frac{1}{2^{n+1}}} \cdot \frac{b^{\frac{1}{2^{n+1}}} + 1}{b^{\frac{1}{2^{n+1}}} + 1} = \frac{b^{\frac{1}{2^n}} - 1}{\frac{1}{2^n}} \cdot \frac{2}{b^{\frac{1}{2^{n+1}}} + 1} < a_n^+,$$

$$a_{n+1}^- = \frac{b^{-\frac{1}{2^{n+1}}} - 1}{-\frac{1}{2^{n+1}}} \cdot \frac{b^{-\frac{1}{2^{n+1}}} + 1}{b^{-\frac{1}{2^{n+1}}} + 1} = \frac{b^{-\frac{1}{2^n}} - 1}{-\frac{1}{2^n}} \cdot \frac{2}{b^{-\frac{1}{2^{n+1}}} + 1} > a_n^- > 0.$$

(ii) Es gilt

$$\frac{a_n^-}{a_n^+} = -\frac{b^{-\frac{1}{2^n}} - 1}{b^{\frac{1}{2^n}} - 1} < 1,$$

denn aus $0 < (x-1)^2 = x^2 - 2x + 1$ folgt mit $x = b^{\frac{1}{2^n}}$, dass $1 - b^{-\frac{1}{2^n}} < b^{\frac{1}{2^n}} - 1$.
Deshalb sind die Folgen $(a_n^\pm)_{n \in \mathbb{N}}$ beschränkt. Nach dem Monotonieprinzip
konvergieren sie daher in $\mathbb{R}$ und es gilt

$$\lim_{n \to \infty} a_n^- \le \lim_{n \to \infty} a_n^+.$$

(iii) Die Gleichheit der Grenzwerte folgt aus:

$$a_n^+ - a_n^- = \frac{b^{\frac{1}{2^n}} - 1}{\frac{1}{2^n}} + \frac{1 - b^{\frac{1}{2^n}}}{\frac{1}{2^n}} \cdot \frac{1}{b^{\frac{1}{2^n}}} = a_n^+ \left(1 - \frac{1}{\sqrt[2^n]{b}}\right) \to 0 \text{ für } n \to \infty.$$

5.2   Ableitungsregeln

5.2.3 (i) (I) Wegen $f'(x) = 3x^2 + 1 > 0$ für alle $x \in \mathbb{R}$ ist f streng monoton wachsend auf $\mathbb{R}$. Außerdem gilt $\lim_{x \to +\infty} f(x) = +\infty$, $\lim_{x \to -\infty} f(x) = -\infty$. Nach dem Zwischenwertsatz von Bolzano ist $f : \mathbb{R} \to \mathbb{R}$ bijektiv. Also existiert die Umkehrfunktion $f^{-1} : \mathbb{R} \to \mathbb{R}$ und sie ist auf $\mathbb{R}$ stetig und differenzierbar und es gilt nach der Umkehrformel

$$\left(f^{-1}\right)'(y) = \frac{1}{f'(x)}\bigg|_{x=f^{-1}(y)} = \frac{1}{3x^2 + 1}\bigg|_{x=f^{-1}(y)} = \frac{1}{3f^{-1}(y)^2 + 1}.$$

(II) Berechnung der Umkehrfunktion: Es gilt

$$y = x^3 + x + 1 \iff x^3 + x + (1 - y) = 0.$$

Für gegebenes $y \in \mathbb{R}$ ist also die nach Teil (I) eindeutige reelle Wurzel der Gleichung $x^3 + x + (1-y) = 0$ zu bestimmen. Diese findet man als Cardanosche Lösungsformel in jeder Formelsammlung. Es gilt

$$f^{-1}(y) = x = \sqrt[3]{\frac{y-1}{2} + \sqrt{\frac{1}{27} + \left(\frac{y-1}{2}\right)^2}} - \frac{1}{3\sqrt[3]{\frac{y-1}{2} + \sqrt{\frac{1}{27} + \left(\frac{y-1}{2}\right)^2}}}.$$

Die direkte Berechnung der Ableitung kann nun erfolgen.

5.3   Kurvendiskussion und der Mittelwertsatz

5.3.2 Es ist

$$f'(x) = a + (1 - \mu)bx^{-\mu} = 0$$

genau dann, wenn

$$x = x_0 := (\mu - 1)^{\frac{1}{\mu}} \left(\frac{b}{a}\right)^{\frac{1}{\mu}}.$$

Wegen $f'(x) < 0$ für $x < x_0$ und $f'(x) > 0$ für $x > x_0$ gilt

$$f(x) \leq f(x_0) = (\mu - 1)^{\frac{1}{\mu}} a^{1 - \frac{1}{\mu}} b^{\frac{1}{\mu}} + (\mu - 1)^{\frac{1-\mu}{\mu}} a^{1 - \frac{1}{\mu}} b^{\frac{1}{\mu}} \geq ca^{1 - \frac{1}{\mu}} b^{\frac{1}{\mu}}$$

für alle $x > 0$ mit

$$c := \min\left\{(\mu - 1)^{\frac{1}{\mu}}, (\mu - 1)^{\frac{1-\mu}{\mu}}\right\}.$$

5.3.11 Hinweis: Man benutze den Zwischenwertsatz von Darboux.

5.3.12 Man gebe eine Lösung unter Verwendung des Darbouxschen Zwischen-wertsatzes an. Hier ist eine Alternative: Wegen $f'(b) < 0$ gibt es ein $x_1 \in (a, b)$ mit $f(x_1) > f(b)$: Denn sonst wäre ja $f(x) \le f(b)$ für alle $x \in (a, b)$ und deshalb $f'(b) = f'(b^-) \ge 0$. Nach dem Satz von Weierstraß gibt es ein $x^+ \in [a, b]$ mit $y^+ = f(x^+) \ge f(x)$ für alle $x \in [a, b]$. Wegen

$$f(x^+) \ge f(x_1) > f(b) > f(a)$$

muss $x^+ \in (a, b)$ sein. Nach dem Satz von Fermat gilt deshalb $f'(x^+) = 0$.

5.4 Die de l'Hospitalschen Regeln

5.4.1 (ii) Wegen $\lim\limits_{x \to \infty} x = +\infty$, $\lim\limits_{x \to \infty}(x + \sqrt{1 + x^2}) = +\infty$ liegt der Fall „$\frac{\infty}{\infty}$" vor. Es gilt $(x)' = 1$ und

$$(x + \sqrt{1 + x^2})' = 1 + \frac{x}{\sqrt{1 + x^2}} = 1 + \frac{1}{\sqrt{1 + \frac{1}{x^2}}}$$

für $x > 0$. Wegen

$$\lim_{x \to \infty} \frac{(x)'}{(x + \sqrt{1 + x^2})'} = \lim_{x \to \infty} \frac{1}{1 + \frac{1}{\sqrt{1 + \frac{1}{x^2}}}} = \frac{1}{2}$$

gilt nach der de l'Hospitalschen Regel, dass

$$\lim_{x \to \infty} \frac{x}{x + \sqrt{1 + x^2}} = \frac{1}{2}.$$

Dies kann man allerdings unmittelbar einsehen!

5.5 Differentiation von Folgen und Reihen

5.5.3 (i) Weil die Potenzreihe $\sum\limits_{k=0}^{\infty} x^k$ für $|x| < 1$ konvergiert, kann sie dort glied-weise differenziert werden, weshalb für $|x| < 1$:

$$\sum_{k=0}^{\infty}(k + 1)x^k = \sum_{k=1}^{\infty} kx^{k-1} = \left(\sum_{k=0}^{\infty} x^k\right)' = \left(\frac{1}{1 - x}\right)' = \frac{-1}{(1 - x)^2}.$$

5.5.4 (i) Es gilt

$$\sum_{k=1}^{\infty} \frac{k^2}{2^k} x^k = \sum_{k=1}^{\infty} \frac{k(k+1)}{2^k} x^k - \sum_{k=1}^{\infty} \frac{k}{2^k} x^k.$$

Dann zeige man für $|x| < 2$, dass

$$\sum_{k=1}^{\infty} \frac{k(k+1)}{2^k} x^{k-1} = \left(\sum_{k=1}^{\infty} \frac{k+1}{2^k} x^k \right)' = \left(\sum_{k=1}^{\infty} \frac{x^{k+1}}{2^k} \right)''.$$

(ii) Für $|x| < 1$ gilt

$$\left(\sum_{k=1}^{\infty} \frac{x^k}{k} \right)' = \sum_{k=1}^{\infty} x^{k-1} = \sum_{k=0}^{\infty} x^k = \frac{1}{1-x} = (-\log(1-x))'.$$

Nach dem Identitätssatz für differenzierbare Funktionen ist daher

$$\sum_{k=1}^{\infty} \frac{x^k}{k} = -\log(1-x) + \mathrm{const.}$$

Für $x = 0$ ergibt sich const $= 1$. Daher ist

$$\sum_{k=1}^{\infty} \frac{1}{k 2^k} = -\log \frac{1}{2} + 1 = 1 + \log 2.$$

5.6 Höhere Ableitungen und die Taylorsche Formel ·

5.6.5 Es gilt

$$f''(x) = \lim_{h \to 0} \frac{f'(x+h) - f'(x)}{h}$$

$$= \lim_{h \to 0} \lim_{k \to 0} \frac{(f(x+h+k) - f(x+h)) - (f(x+k) - f(x))}{hk}.$$

Deshalb setzen wir

$$\Delta_2 := \frac{f(x) - 2f(x+h) + f(x+2h)}{h^2}$$

$$= \frac{(f(x+2h) - f(x+h)) - (f(x+h) - f(x))}{h^2}$$

$$= \frac{\varphi(h) - \varphi(0)}{h^2},$$

wobei

$$\varphi(t) = \varphi_{x,h}(t) := f(x + h + t) - f(x + t).$$

Zweimalige Anwendung des Mittelwertsatzes liefert

$$\Delta_2 = \frac{\varphi'(\tau)}{h} = \frac{f'(x + \tau + h) - f'(x + \tau)}{h}$$
$$= f''(\xi) \to f''(x) \text{ für } h \to 0.$$

Dabei ist $0 < \tau < h$, $x < x + \tau < \xi < x + \tau + h < x + 2h$.

5.6.9 Hinweis: Man berechne zunächst die Partialbruchzerlegung von $\frac{1}{1-x-x^2}$. Die Aufgaben 2.3.2, 2.3.3, 2.3.4 und 3.3.3 können nützlich sein.

5.6.10 Hinweis: Die Existenz der Reihenentwicklung folgt aus Aufgabe 3.8.2. Zur Herleitung der Rekursionsformel schreibe man

$$\frac{x}{\exp x - 1} = \frac{1}{\sum\limits_{k=0}^{\infty} \frac{x^k}{(k+1)!}} = \frac{1}{1 + \frac{x}{2!} + \frac{x^2}{3!} + \ldots}.$$

Damit ist

$$\left(\sum_{k=0}^{\infty} \frac{B_k}{k!} x^k \right) \left(\sum_{k=0}^{\infty} \frac{x^k}{(k+1)!} \right) = 1 = \sum_{n=0}^{\infty} c_n x^n$$

mit $c_0 = 1$ und $c_n = 0$ für $n \in \mathbb{N}$. Man zeige, dass der Cauchysche Produktsatz anwendbar ist und leite dann die in Aufgabe 1.3.6 angegebene Rekursionsformel

$$\sum_{k=0}^{n} \binom{n+1}{k} B_k = 0, \; B_0 = 1$$

für die Bernoullischen Zahlen her.

5.6.11 Für $\left| x + \frac{1}{2} \right| < \frac{1}{2}$ gilt:

$$\sum_{k=0}^{\infty} x^k = \frac{1}{1-x} = \frac{1}{\frac{3}{2} - \left(x + \frac{1}{2} \right)} = \frac{2}{3} \cdot \frac{1}{1 - \frac{2}{3} \left(x + \frac{1}{2} \right)} = \sum_{k=0}^{\infty} \left(\frac{2}{3} \right)^{k+1} \left(x + \frac{1}{2} \right)^k.$$

Diese Reihe erhält man auch durch Berechnung der Ableitungen von $\frac{1}{1-x}$:

$$\left(\frac{1}{1-x} \right)^{(k)} = \frac{k!}{(1-x)^{k+1}},$$

weshalb

$$\sum_{k=0}^{\infty} x^k = \frac{1}{1-x} = \sum_{k=0}^{\infty} \frac{\frac{k!}{\left(\frac{3}{2} \right)^{k+1}}}{k!} \left(x + \frac{1}{2} \right)^k = \sum_{k=0}^{\infty} \left(\frac{2}{3} \right)^{k+1} \left(x + \frac{1}{2} \right)^k.$$

5.6.15 (I) Für $x \neq -1$ berechnen sich die Ableitungen von $f(x) = \sqrt[p]{1+x}$ zu

$$f'(x) = \frac{1}{p}(1+x)^{\frac{1}{p}-1},$$

$$f''(x) = \frac{1}{p}\left(\frac{1}{p}-1\right)(1+x)^{\frac{1}{p}-2},$$

$$\vdots$$

$$f^{(k)}(x) = \frac{1}{p}\left(\frac{1}{p}-1\right)\cdot\ldots\cdot\left(\frac{1}{p}-k+1\right)(1+x)^{\frac{1}{p}-k}.$$

Mit der Definition

$$\binom{\mu}{k} := \frac{\mu(\mu-1)\cdot\ldots\cdot(\mu-k+1)}{k!}$$

für $\mu \in \mathbb{R}$, $k \in \mathbb{N}$ und $\binom{\mu}{0} := 1$ gilt dann

$$f^{(k)}(x) = k!\binom{\frac{1}{p}}{k}(1+x)^{\frac{1}{p}-k}$$

sowie

$$f^{(k)}(1) = k!\binom{\frac{1}{p}}{k}2^{\frac{1}{p}-k},$$

weshalb

$$Tf(1,x) = \sum_{k=0}^{\infty}\frac{f^{(k)}(1)}{k!}(x-1)^k = \sum_{k=0}^{\infty}\binom{\frac{1}{p}}{k}2^{\frac{1}{p}-k}(x-1)^k$$

$$= 2^{\frac{1}{p}}\sum_{k=0}^{\infty}\binom{\frac{1}{p}}{k}\left(\frac{x-1}{2}\right)^k$$

die (formale) Taylor-Reihe von f mit dem Entwicklungspunkt $a = 1$ ist. Mit Hilfe des Quotientenkriteriums überprüft man leicht, dass $Tf(1,x)$ für $|x-1| < 2$, also für $-1 < x < 3$ konvergiert.

(II) Nach dem Taylorschen Satz gilt für alle $x > -1$ und alle $n \in \mathbb{N}$ die Darstellung

$$f(x) = 2^{\frac{1}{p}}\sum_{k=0}^{n-1}\binom{\frac{1}{p}}{k}\left(\frac{x-1}{2}\right)^k + R_n(1,x)$$

mit dem Restglied

$$R_n(1,x) = \frac{f^{(n)}(\xi)}{n!}(x-1)^n = \binom{\frac{1}{p}}{n}(1+\xi)^{\frac{1}{p}-n}(x-1)^n,$$

dabei ist $\xi = 1 + t(x - 1)$ mit einem $t \in (0,1)$. Für $|x - 1| < 1$, also für $0 < x < 2$ schätzen wir ab: Dort ist $0 < \xi < 2$, weshalb

$$3^{\frac{1}{p}-n} < (1+\xi)^{\frac{1}{p}-n} < 1.$$

Weiterhin gilt

$$\binom{\frac{1}{p}}{n} = \frac{\frac{1}{p}}{1} \cdot \frac{\frac{1}{p}-1}{2} \cdot \ldots \cdot \frac{\frac{1}{p}-n+1}{n} < 1.$$

Also haben wir

$$|R_n(1,x)| \le |x - 1|^n \to 0 \text{ für } n \to \infty$$

für $|x - 1| < 1$. In dem Intervall $(0,2)$ stellt die Taylor-Reihe $Tf(1,x)$ die Funktion $f(x)$ deshalb dar.

5.6.16 (ii) Zunächst zeigt man, dass

$$f'(x) = \frac{\sqrt{1+x^2} - x \log(x + \sqrt{1+x^2})}{(1+x^2)^{\frac{3}{2}}} = \frac{1}{1+x^2} - \frac{x}{1+x^2} f(x).$$

Also haben wir die Differentialgleichung

$$(1 + x^2)f'(x) + xf(x) = 1. \tag{5.1}$$

Durch Differenzieren folgt hieraus, dass

$$(1 + x^2)f''(x) + 3xf'(x) + f(x) = 0.$$

Durch vollständige Induktion über $k \in \mathbb{N}$ erhält man hieraus die Relation

$$(1 + x^2)f^{(k+1)}(x) + (2k + 1)xf^{(k)}(x) + \sum_{\ell=0}^{k-1}(2\ell - 1)f^{(k-1)}(x) = 0.$$

Wegen $\sum_{\ell=0}^{k-1}(2\ell - 1) = k^2$ folgt hieraus die Rekursion

$$f^{(k+1)}(0) = -k^2 f^{(k-1)}(0)$$

für $k \in \mathbb{N}$ mit den Anfangsbedingungen

$$f(0) = 0, \ f'(0) = 1$$

und daraus, dass

$$f^{(2k)}(0) = 0, \ f^{(2k+1)}(0) = (-1)^k (2 \cdot 4 \cdot \ldots \cdot (2k))^2$$

für $k \in \mathbb{N}$. Damit ist

$$Tf(0,x) = x + \sum_{k=1}^{\infty} (-1)^k \frac{2 \cdot 4 \cdot \ldots \cdot (2k)}{3 \cdot 5 \cdot \ldots \cdot (2k+1)} x^{2k+1}$$

die (formale) Taylor-Reihe von f um 0. Man zeigt leicht, dass sie für $|x| < 1$ konvergiert. Um zu zeigen, dass die Taylor-Reihe die Funktion f auch tatsächlich darstellt, kann man das Restglied berechnen und abschätzen! Dies kann allerdings auch gezeigt werden, indem man die Differentialgleichung (5.1) durch Potenzreihenansatz

$$g(x) = \sum_{k=0}^{\infty} a_k x^k$$

löst (bzw. verifiziert, dass Tf (5.1) löst) und dann zeigt, dass $f(x) = g(x)$ für $|x| < 1$ durch Betrachten des Quotienten $\frac{g(x)}{f(x)}$ für $x \neq 0$.

5.6.19 Angenommen e sei rational, also $e = \frac{m}{n}$ mit $m, n \in \mathbb{N}$, $n \geq 2$. Nach der Taylor-Formel gilt dann:

$$\exp(x) = \sum_{k=0}^{n} \frac{x^k}{k!} + \frac{\exp(\xi)}{(n+1)!} x^{n+1}$$

für alle $x \in \mathbb{R}$, dabei ist $\xi = tx$ mit einem $t \in (0,1)$. Hieraus folgt insbesondere, dass

$$\frac{m}{n} = e = \exp(1) = \sum_{k=0}^{n} \frac{1}{k!} + \frac{\exp(\xi)}{(n+1)!}$$

mit einem ξ, $0 < \xi < 1$, also

$$\frac{\exp(\xi)}{n+1} = (n-1)!m - \sum_{k=0}^{n} \frac{n!}{k!} \in \mathbb{N}.$$

Andererseits ist aber

$$0 < \frac{\exp(\xi)}{n+1} < \frac{e}{3} < 1$$

ein Widerspruch.

5.6.23 (i) Sei $x \in I$. Nach der Taylor-Formel gilt dann

$$f(x+h) = f(x) + hf'(x) + \frac{h^2}{2} f''(\xi)$$

für alle $h > 0$ mit einem ξ zwischen x und $x + h$. Es folgt, dass

$$|f'(x)|^2 \le \left(\left| \frac{f(x+h) - f(x)}{h} \right| + \frac{h}{2} |f''(\xi)| \right)^2$$

$$\le \left(\frac{2}{h} M_0 + \frac{h}{2} M_2 \right)^2$$

$$= \frac{4}{h^2} M_0^2 + 2 M_0 M_2 + \frac{h^2}{4} M_2^2$$

$$\le 4 M_0 M_2,$$

falls h so gewählt werden kann, dass

$$0 \ge \frac{4}{h^2} M_0^2 - 2 M_0 M_2 + \frac{h^2}{4} M_2^2 = \left(\frac{2M_0}{h} - \frac{hM_2}{2} \right)^2.$$

Die Wahl $h := 2\sqrt{M_0 M_2}$ ermöglicht den Abschluss des Beweises.

5.7 Lokale Extrema

5.7.3 Hinweis: Man beachte den Lösungshinweis zu Aufgabe 4.5.4.

5.8 Konvexität

5.8.1 (I) Sei $f(x) = (1 + x)\sqrt{1 - x^2}$ für $|x| \le 1$. Dann berechnen wir

$$f'(x) = \frac{1 - x - 2x^2}{\sqrt{1 - x^2}},$$

$$f''(x) = \frac{2x^3 - 3x - 1}{(1 - x^2)^{\frac{3}{2}}}$$

für $|x| < 1$.

(II) Es gilt $f(x) = 0 \Leftrightarrow x = \pm 1$, d. h. $x = \pm 1$ sind die Nullstellen von f. Weiterhin ist $f(x) > 0$ für $|x| < 1$.

(III) Es gilt $f'(x) = 0$ für $|x| < 1 \Leftrightarrow x = \frac{1}{2}$. Wegen Teil (II) liegt bei $x = \frac{1}{2}$ ein lokales und globales Maximum vor, nämlich $f\left(\frac{1}{2}\right) = \frac{3\sqrt{3}}{4}$. Bei $x = \pm 1$ liegen lokale und globale Minima vor (Satz von Weierstraß).

(IV) Für $-1 < x < \frac{1}{2}$ gilt $f'(x) > 0$, deshalb ist f dort streng monoton wachsend. Für $\frac{1}{2} < x < 1$ ist f streng monoton fallend.

(V) Es gilt $f''(x) = 0$ für $|x| < 1 \Leftrightarrow x = \frac{1-\sqrt{3}}{2}$. Dort liegt ein Wendepunkt vor.

(VI) Für $-1 < x < \frac{1-\sqrt{3}}{2}$ ist $f''(x) > 0$, also f konvex, für $\frac{1-\sqrt{3}}{2} < x < 1$ ist f konkav.

(VII) Wir berechnen

$$\lim_{x \to -1} f'(x) = \lim_{x \to -1} \frac{1 - x - 2x^2}{\sqrt{1 - x^2}} = \lim_{x \to -1} \frac{(x+1)(-2x+1)}{\sqrt{1+x}\sqrt{1-x}}$$

$$= \lim_{x \to -1} \frac{\sqrt{x+1}(-2x+1)}{\sqrt{1-x}} = 0$$

sowie

$$\lim_{x \to 1} f'(x) = \lim_{x \to 1} \frac{\sqrt{x+1}(-2x+1)}{\sqrt{1-x}} = -\infty.$$

Vergleiche Abbildung 5.1

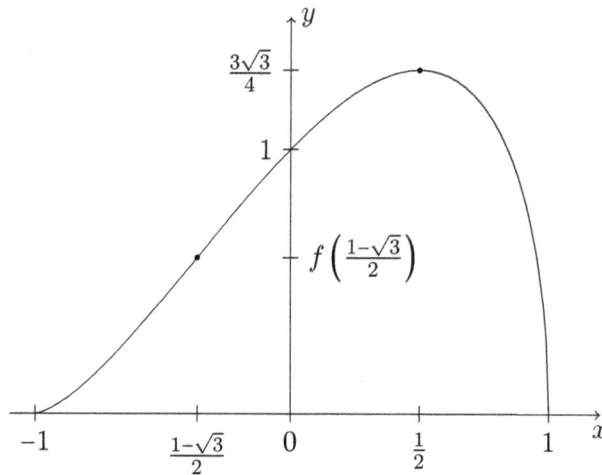

Abbildung 5.1: *Zu Aufgabe 5.8.1*

5.8.3 Hinweis: f ist nicht als differenzierbar vorausgesetzt, deshalb kann man nicht wie folgt argumentieren: Es gilt

$$\left(\frac{1}{f}\right)' = -\frac{f'}{f^2},$$

$$\left(\frac{1}{f}\right)'' = -\frac{f^2 f'' - 2f(f')^2}{f^4} = \frac{2(f')^2 - f f''}{f^3}.$$

Ist also $f'' \leq 0$, so gilt $\left(\frac{1}{f}\right)'' \geq 0$.

6 Die elementaren transzendenten Funktionen

6.1 Die Exponentialfunktion

6.1.1 (i) Lösungsansatz: $y(x) = \sum\limits_{k=0}^{\infty} a_k x^k$. Dann ist

$$0 = y'' + xy = \sum_{k=2}^{\infty} k(k-1)a_k x^{k-2} + \sum_{k=0}^{\infty} a_k x^{k+1}$$

$$= 2a_2 + \sum_{k=0}^{\infty} \left((k+3)(k+1)a_{k+3} + a_k\right) x^{k+1}.$$

Hieraus folgt durch Koeffizientenvergleich die Rekursion

$$a_{k+3} = -\frac{a_k}{(k+3)(k+1)} \quad \text{für } k = 0, 1, 2, \ldots.$$

Zusammen mit $a_2 = 0$ und den Anfangsbedingungen $a_0 = y(0) = 1$, $a_1 = y'(0) = 0$ folgt hieraus, dass $a_k = 0$ für $k \neq 3\ell$, $\ell = 0, 1, 2, \ldots$ und durch vollständige Induktion beweist man für $\ell = 0, 1, 2, \ldots$, dass

$$a_{3\ell} = \frac{(-1)^\ell}{1 \cdot 2 \cdot 3 \cdot 5 \cdot 6 \cdot \ldots \cdot (3\ell-1)3\ell}$$

$$= (-1)^\ell \frac{1 \cdot 4 \cdot 7 \cdot \ldots \cdot (3(\ell-1)+1)}{(3\ell)!}$$

$$= (-1)^\ell \frac{\prod\limits_{m=0}^{\ell-1}(3m+1)}{(3\ell)!}.$$

Umgekehrt konvergiert die Potenzreihe

$$y(x) = \sum_{k=0}^{\infty} (-1)^k \frac{\prod\limits_{\ell=0}^{k-1}(3\ell+1)}{(3k)!} x^k$$

nach dem Quotientenkriterium für alle $x \in \mathbb{R}$ absolut und löst das Anfangswertproblem $y'' + xy = 0$, $y(0) = 1$, $y'(0) = 0$.

6.2   Die Hyperbelfunktionen

6.2.3 Hinweis: Man substituiert $u = e^x$ und fasst die Größe u als Unbekannte auf. Die so entstehenden quadratischen Gleichungen werden für u aufgelöst durch

$$u = y \pm \sqrt{y^2 - 1},$$
$$u = y + \sqrt{y^2 + 1}.$$

Beim $\cosh x$ ist nur $y \geq 1$ zulässig. Wenn man zu Logarithmen übergeht, erhält man

$$x = \log(y \pm \sqrt{y^2 - 1}),$$
$$x = \log(y + \sqrt{y^2 + 1}).$$

6.3   Der Logarithmus

6.3.1 Zunächst zeigt man, dass

$$f'(x) = \frac{1}{1 + x^2} - \frac{x}{(1 + x^2)^{3/2}} \log\left(x + \sqrt{1 + x^2}\right).$$

Damit löst f die Differentialgleichung

$$(1 + x^2)y'(x) + xy(x) = 1 \tag{6.1}$$

mit der Anfangsbedingung $y(0) = f(0) = 0$.

Durch Potenzreihenansatz $g(x) = \sum_{k=0}^{\infty} a_k x^k$ erhält man durch formales Rechnen, dass

$$1 = (1 + x^2) \sum_{k=1}^{\infty} k a_k x^{k-1} + \sum_{k=0}^{\infty} a_k x^{k+1}$$
$$= a_1 + \sum_{k=0}^{\infty} \left((k + 2)a_{k+2} + (k + 1)a_k\right) x^{k+1}$$

und durch Koeffizientenvergleich, dass

$$a_1 = 1, \quad a_{k+2} = -\frac{k + 1}{k + 2} a_k \quad \text{für } k \in \mathbb{N}_0.$$

Zusammen mit der Anfangsbedingung $g(0) = a_0 = 0$ folgt hieraus, dass

$$a_{2k} = 0, \quad a_{2k+1} = (-1)^k \frac{2 \cdot 4 \cdot \ldots \cdot 2k}{3 \cdot 5 \cdot \ldots \cdot (2k + 1)} \quad \text{für } k \in \mathbb{N}.$$

Tatsächlich ist

$$g(x) := x + \sum_{k=1}^{\infty} (-1) \frac{2 \cdot 4 \cdot \ldots \cdot (2k)}{3 \cdot 5 \cdot \ldots \cdot (2k+1)} x^{2k+1}$$

eine für $|x| < 1$ konvergente Lösung der Differentialgleichung (6.1) die der An-
fangsbedingung $y(0) = g(0) = 0$ genügt. Um zu zeigen, dass $f(x) = g(x)$ für
$|x| < 1$ gilt, gehen wir so vor: Zunächst löst die Differenz $f - g$ die Gleichung

$$(1 + x^2)y'(x) + xy(x) = 0. \qquad (6.2)$$

Andererseits wird diese Gleichung gelöst durch

$$h(x) := \frac{1}{\sqrt{1 + x^2}}.$$

Diese Lösung findet man z. B., indem man die Gleichung auf die Form

$$(\log y(x))' = \frac{y'(x)}{y(x)} = -\frac{x}{1 + x^2} = -\frac{1}{2} \frac{2x}{1 + x^2}$$

bringt und integriert:

$$\log y(x) = -\frac{1}{2} \int \frac{2x}{1 + x^2} dx = -\frac{1}{2} \log(1 + x^2) = \log \frac{1}{\sqrt{1 + x^2}}.$$

Aus (6.2) folgt für den Quotienten $\frac{f-g}{h}$, dass

$$\frac{(f - g)'}{h'} = \frac{f - g}{h},$$

also gilt

$$\left(\frac{f - g}{h}\right)' = 0$$

und damit ist

$$f - g = ch$$

mit einer Konstanten c. Wegen $(f - g)(0) = 0$ und $h(0) = 1$ muss $c = 0$ sein.
Damit ist $f(x) = g(r)$ für $|r| < 1$.

6.4   Die allgemeine Potenz

6.4.1 (I) Für $x \neq -1$ berechnen sich die Ableitungen von $f(x) = (1+x)^\mu$ zu

$$f^{(k)}(x) = \mu(\mu-1)\cdot\ldots\cdot(\mu-k+1)(1+x)^{\mu-k} = k!\binom{\mu}{k}(1+x)^{\mu-k},$$

weshalb

$$Tf(0,x) = \sum_{k=0}^{\infty} \frac{f^{(k)}(0)}{k!}x^k = \sum_{k=0}^{\infty}\binom{\mu}{k}x^k$$

die (formale) Taylor-Reihe von f mit Entwicklungspunkt $a = 0$ ist. Mit Hilfe des Quotientenkriteriums überprüft man leicht, dass $Tf(0,x)$ für $|x| < 1$ konvergiert.

(II) Nach dem Taylorschen Satz gilt für alle $x > -1$ und alle $n \in \mathbb{N}$ die Darstellung

$$f(x) = \sum_{k=0}^{n-1}\binom{\mu}{k}x^k + R_n(0,x)$$

mit dem Restglied

$$R_n(0,x) = \frac{f^{(n)}(\xi)}{n!}x^n = \binom{\mu}{k}(1+\xi)^{\mu-n}x^n,$$

dabei ist $\xi = tx$ mit einem $t \in (0,1)$. Für $|x| < \frac{1}{2}$ schätzen wir ab: Dort ist auch $|\xi| < \frac{1}{2}$, weshalb für $n > \mu$

$$\left(\frac{3}{2}\right)^{\mu-n} < (1+\xi)^{\mu-n} < \left(\frac{1}{2}\right)^{\mu-n} = 2^{n-\mu}$$

gilt. Also haben wir

$$|R_n(0,x)| \leq 2^{n-\mu}\binom{\mu}{n}|x|^n = 2^{-\mu}\binom{\mu}{n}|2x|^n.$$

Aufgrund von Teil (I) ist

$$\sum_{k=0}^{\infty}\binom{\mu}{k}(2x)^k < +\infty \text{ für } |x| < \frac{1}{2}.$$

Deshalb haben wir

$$|R_n(0,x)| \to 0 \text{ für } n \to \infty$$

für $|x| < \frac{1}{2}$. In dem Intervall $\left(-\frac{1}{2}, \frac{1}{2}\right)$ stellt die Taylor-Reihe $Tf(0,x)$ deshalb die Funktion dar.

6.5 Die Winkelfunktionen Cosinus und Sinus

6.5.3 (i) Wir multiplizieren die Summe $\sum\limits_{k=1}^{n} \cos kx$ mit $2 \sin \frac{x}{2}$, benutzen die Formel

$$\sin(x + x') - \sin(x - x') = 2 \cos x \sin x'$$

für $x, x' \in \mathbb{R}$ und erhalten

$$2 \sin \frac{x}{2} \sum_{k=1}^{n} \cos kx = 2 \sum_{k=1}^{n} \cos kx \sin \frac{x}{2} = \sum_{k=1}^{n} \left(\sin \left(k + \frac{1}{2} \right) x - \sin \left(k - \frac{1}{2} \right) x \right)$$

$$= \sum_{k=1}^{n} \sin \left(k + \frac{1}{2} \right) x - \sum_{k=0}^{n-1} \sin \left(k + \frac{1}{2} \right) x$$

$$= \sin \left(n + \frac{1}{2} \right) x - \sin \frac{x}{2}.$$

Hieraus folgt, dass

$$\frac{1}{2} + \sum_{k=1}^{n} \cos kx = \frac{\sin \left(n + \frac{1}{2} \right) x}{2 \sin \frac{x}{2}}.$$

6.6 Tangens und Cotangens

6.6.1 Für $0 \le x < \frac{\pi}{2}$ sei

$$f(x) := 2 \sin x + \tan x - 3x.$$

Dann gilt $f(0) = 0$ und wegen $\cos x > 0$ für $0 \le x < \frac{\pi}{2}$ haben wir

$$f'(x) = 2 \cos x + \frac{1}{\cos^2 x} - 3 \ge 0$$

genau dann, wenn

$$g(x) := 2 \cos^3 x + 1 - 3 \cos^2 x \ge 0.$$

Es ist aber $g(0) = 0$ und wegen $0 < \cos x \le 1$, $\sin x \ge 0$ haben wir

$$g'(x) = -6 \cos^2 x \sin x + 6 \cos x \sin x = 6 \cos x \sin x (1 - \cos x) \ge 0$$

für $0 \le x < \frac{\pi}{2}$. Daraus folgt, dass $g(x) \ge 0$, also $f'(x) \ge 0$, weshalb schließlich $f(x) \ge 0$ für $0 \le x < \frac{\pi}{2}$. Dies ist die behauptete Huygenssche Ungleichung

$$2 \sin x + \tan x \ge 3x \quad \text{für } 0 \le x < \frac{\pi}{2}.$$

6.7   Die Arcusfunktionen

6.7.3 Hinweis: Man wende den Weierstraßschen Approximationssatz auf die Funktion

$$g(t) := f(\arccos t)$$

im Intervall $[-1, 1]$ an und erhalte so zunächst Approximationen für gerade Funktionen.

6.8   Polarkoordinaten

6.8.1 Hinweis: Die bei der Zusammensetzung zweier aufeinander senkrechter harmonischer Schwingungen von verschiedenen Frequenzen erhaltenen Kurven werden Lissajous-Figuren genannt.

7 Integralrechnung

7.1 Stammfunktionen

7.1.1 (i) Zunächst berechnen wir für $\nu \in \mathbb{R}$ und $x > 0$, dass

$$(\log^\nu x)' = \frac{\nu}{x}\log^{\nu-1} x = \frac{\nu}{x\log^{1-\nu} x} = \frac{1-\mu}{x\log^\mu x},$$

falls wir $\nu = 1 - \mu$ setzen. Damit ist

$$\frac{1}{1-\mu}\log^{1-\mu} x$$

eine Stammfunktion von $\frac{1}{x\log^\mu x}$ für $\mu \neq 1$.

7.2 Grundintegrale

7.2.1 (i) Es ist

$$\frac{\arcsin x}{\sqrt{1-x^2}} = \arcsin x(\arcsin x)' = \left(\frac{\arcsin^2 x}{2}\right)'.$$

Also ist $\frac{\arcsin^2 x}{2}$ eine Stammfunktion von $\frac{\arcsin x}{\sqrt{1-x^2}}$.

7.3 Partielle Integration und Substitution

7.3.1 (vi) Hinweis: Mit $f(x) = \log x$ und $g'(x) = 1$ berechnen wir durch partielle Integration, dass

$$\int \log x\, dx = \int 1 \cdot \log x\, dx$$
$$= x \cdot \log x - \int x \cdot \frac{1}{x}\, dx$$
$$= x(\log x - 1).$$

Ähnlich beweist man für $n \in \mathbb{N}_0$ die Formel

$$\int x^n \log x \, dx = \frac{x^{n+1}}{n+1} \left(\log x - \frac{1}{n+1} \right).$$

7.3.2 (vi) Wir substituieren $x = e^t$. Dann gilt

$$t = \log x, \quad \frac{dx}{dt} = e^t.$$

Hieraus folgt

$$\int \frac{dx}{x \log x}\bigg|_{x=e^t} = \int \frac{e^t dt}{e^t t} = \log t,$$

also

$$\int \frac{dx}{x \log x} = \log t\bigg|_{t=\log x} = \log(\log x).$$

7.4   Integration rationaler Funktionen

7.4.1 (iv) Es ist (vergleiche Aufgabe 4.2.3(iv))

$$\frac{x}{x^4 + 4} = -\frac{1}{4(x^2 + 2x + 2)} + \frac{1}{4(x^2 - 2x + 2)}.$$

Integration liefert

$$\int \frac{x}{x^4 + 4} dx = -\frac{1}{4} \int \frac{dx}{x^2 + 2x + 2} + \frac{1}{4} \int \frac{dx}{x^2 - 2x + 2}$$
$$= -\frac{1}{4} \int \frac{dx}{(x+1)^2 + 1} + \frac{1}{4} \int \frac{dx}{(x-1)^2 + 1}$$
$$= \frac{1}{4} \left(\arctan(x-1) - \arctan(x+1) \right).$$

7.5   Klassen elementar integrierbarer Funktionen

7.5.1 (iii) Zunächst berechnen wir die Nullstellen des Polynoms $P(t) = t^2 - t - 6$ und die Partialbruchzerlegung von $\frac{1}{P(t)}$: Es ist

$$\frac{1}{t^2 - t - 6} = \frac{1}{(t-3)(t+2)} = \frac{A}{t-3} + \frac{B}{t+2}$$

genau dann, wenn

$$1 = (A + B)t + (2A - 3B).$$

Durch Koeffizientenvergleich ergibt sich das System

$$A + B = 0$$
$$2A - 3B = 1,$$

was durch $A = \frac{1}{5}$, $B = -\frac{1}{5}$ gelöst wird. Damit ist

$$\int \frac{dx}{\cos^2 x - \cos x - 6} = \frac{1}{5} \int \frac{dx}{\cos x - 3} - \frac{1}{5} \int \frac{dx}{\cos x + 2}.$$

Diese Integrale sind vom Typ $\int R(\cos x, \sin x) dx$ und werden durch die Substitution $x = 2 \arctan t$ bzw. $t = \tan \frac{x}{2}$ gelöst. Es gilt:

$$\cos x = \frac{1 - t^2}{1 + t^2}, \quad \sin x = \frac{2t}{1 + t^2}$$

und

$$\frac{dx}{dt} = \frac{2}{1 + t^2}.$$

Damit ist

$$\int \frac{dx}{\cos x - 3} = \int \frac{1}{\frac{1-t^2}{1+t^2} - 3} \frac{2dt}{1 + t^2} = -\int \frac{dt}{2t^2 + 1}$$

$$= -\int \frac{dt}{\left(\sqrt{2}t\right)^2 + 1} = -\frac{1}{\sqrt{2}} \int \frac{ds}{s^2 + 1}\Big|_{s=\sqrt{2}t}$$

$$= -\frac{1}{\sqrt{2}} \arctan s \Big|_{s=\sqrt{2}t} = -\frac{1}{\sqrt{2}} \arctan \sqrt{2}t.$$

Ähnlich ist

$$\int \frac{dx}{\cos x + 2} = 2 \int \frac{dt}{t^2 + 3} = \frac{2}{3} \int \frac{dt}{\left(\frac{t}{\sqrt{3}}\right)^2 + 1}$$

$$= \frac{2}{\sqrt{3}} \int \frac{ds}{s^2 + 1}\Big|_{s=\frac{t}{\sqrt{3}}} = \frac{2}{\sqrt{3}} \arctan s \Big|_{s=\frac{t}{\sqrt{3}}}$$

$$= \frac{2}{\sqrt{3}} \arctan \frac{t}{\sqrt{3}}.$$

Als Endergebnis ergibt sich:

$$\int \frac{dx}{\cos^2 x - \cos x - 6} = -\frac{1}{5\sqrt{2}} \arctan \sqrt{2}t - \frac{2}{5\sqrt{3}} \arctan \frac{t}{\sqrt{3}}.$$

8   Das Riemannsche Integral

8.1   Das Riemann-Darbouxsche Integral

8.1.3 Für $k \in \mathbb{N}$ sei $q = q_k = \sqrt[k]{\frac{b}{a}}$. Wir betrachten die geometrische Progression π_k:

$$a < aq < aq^2 < \ldots < aq^k = b$$

und berechnen die Untersumme für $\mu > 0$ (für $\mu < 0$ ist dies die Obersumme):

$$s(\pi_k, f) = \sum_{\ell=1}^{k} m_\ell |I_\ell| = \sum_{\ell=1}^{k} (aq^{\ell-1})^\mu \left(aq^\ell - aq^{\ell-1}\right)$$

$$= a^{\mu+1}(q-1) \sum_{\ell=1}^{k} (q^{\ell-1})^\mu q^{\ell-1} = a^{\mu+1}(q-1) \sum_{\ell=0}^{k-1} (q^{\mu+1})^\ell$$

$$= a^{\mu+1}(q-1) \frac{1 - (q^{\mu+1})^k}{1 - q^{\mu+1}} = a^{\mu+1} \left(1 - \left(\frac{b}{a}\right)^{\mu+1}\right) \frac{q-1}{1 - q^{\mu+1}}$$

$$= (b^{\mu+1} - a^{\mu+1}) \frac{1-q}{1 - q^{\mu+1}} \to \frac{b^{\mu+1} - a^{\mu+1}}{\mu+1}$$

für $k \to \infty$, also für $q \to 1$ zum Beispiel nach der de l'Hospitalschen Regel. Deshalb ist

$$\int_a^b x^\mu dx = \frac{b^{\mu+1} - a^{\mu+1}}{\mu+1}.$$

8.2   Die Riemannsche Definition

8.2.1 Für $k \in \mathbb{N}$ sei $h = \frac{b-a}{k}$. Wir betrachten die äquidistante Partition π_k:

$$a < a + h < a + 2h < \ldots < a + kh = b.$$

Als Zwischenstellen wählen wir

$$\xi_\ell = a + (\ell - 1)h + \frac{h}{2} = a + \left(\ell - \frac{1}{2}\right)h \in [a + (\ell-1)h, a + \ell h] = I_\ell$$

für $\ell = 1, \ldots, k$. Die Riemannsche Approximationssumme ist dann

$$\sigma(\pi_k, f) = \sum_{\ell=1}^{k} f(\xi_\ell) |I_\ell| = h \sum_{\ell=1}^{k} \cos\left(a + \left(\ell - \frac{1}{2}\right)h\right).$$

Wir multiplizieren mit $2\sin\frac{h}{2}$. Unter Benutzung der Formel

$$\sin(x + x') - \sin(x - x') = 2\cos x \sin x'$$

für $x, x' \in \mathbb{R}$ erhalten wir

$$2\sin\frac{h}{2}\sigma(\pi_k, f) = 2h\sum_{\ell=1}^{k}\cos\left(a + \left(\ell - \frac{1}{2}\right)h\right)\sin\frac{h}{2}$$

$$= h\sum_{\ell=1}^{k}\left(\sin(a + \ell h) - \sin(a + (\ell - 1)h)\right)$$

$$= h\left(\sum_{\ell=1}^{k}\sin(a + \ell h) - \sum_{\ell=0}^{k-1}\sin(a + \ell h)\right)$$

$$= h(\sin b - \sin a).$$

Wegen $\lim\limits_{x\to 0}\frac{\sin x}{x} = 1$ ergibt sich hieraus, dass

$$\sigma(\pi_k, f) = \frac{h}{2\sin\frac{h}{2}}(\sin b - \sin a) \to \sin b - \sin a$$

für $h \to 0$. Damit ist $\int_a^b \cos x\, dx = \sin b - \sin a$.

8.3   Klassen integrierbarer Funktionen

8.3.4 (iii) Hinweis: Man setze

$$g(x) := V_a^x(f),$$
$$h(x) := g(x) - f(x),$$

dabei ist $V_a^x(f)$ die Totalvariation von f auf $[a, x]$.

8.4   Eigenschaften integrierbarer Funktionen

8.4.2 Sei das Intervall $I = [a, b]$ in n gleich große abgeschlossene Teilintervalle $I_k = [x_{k-1}, x_k]$ zerlegt. Unter diesen Intervallen seien $J_1, \ldots, J_m$ diejenigen, in denen f' jeweils mindestens eine Nullstelle $\xi_1, \ldots, \xi_m$ hat. Dann gilt

$$S \subset \bigcup_{\ell=1}^{m} J_\ell, \quad T \subset \bigcup_{\ell=1}^{m} f(J_\ell),$$

dabei ist $f(J_\ell) = \{\, y \in \mathbb{R} \mid y = f(x) \text{ für ein } x \in J_\ell \,\}$ ein abgeschlossenes Intervall, weil das stetige Bild eines abgeschlossenen Intervalls ein abgeschlossenes Intervall ist. Nach dem Mittelwertsatz kann man die Länge von $f(J_\ell)$ so abschätzen:

$$|f(J_\ell)| = \max_{x,x' \in J_\ell} |f(x) - f(x')|$$
$$\leq \max_{x,x',\xi \in J_\ell} |x - x'| \cdot |f'(\xi)|$$
$$\leq |J_\ell| \cdot \max_{\xi \in J_\ell} |f'(\xi)|.$$

Sei $\varepsilon > 0$. Aufgrund der gleichmäßigen Stetigkeit von f' auf I kann $n \in \mathbb{N}$ so gewählt werden, dass

$$\max_{\xi \in J_\ell} |f'(\xi)| = \max_{\xi \in J_\ell} |f'(\xi) - f'(\xi_\ell)| < \frac{\varepsilon}{b-a}.$$

Also folgt

$$\sum_{\ell=1}^{m} |f(J_\ell)| \leq \sum_{\ell=1}^{m} \frac{\varepsilon}{b-a} |J_\ell| < \varepsilon.$$

Damit ist T wie behauptet enthalten in einer endlichen Vereinigung von Intervallen der Intervallsumme $< \varepsilon$.

8.4.7 (i) Hinweis: Man verwende Aufgabe 2.3.11

8.4.9 Hinweis: Man verwende Aufgabe 1.4.8(ii)

8.4.10 Durch Integration der Funktionalgleichung $f(x + x') = f(x) + f(x')$ bezüglich x' von 0 bis y hat man

$$\int_x^{x+y} f(t)\,dt = \int_0^y f(x + x')\,dx' = yf(x) + \int_0^y f(x')\,dx'.$$

Hieraus ergibt sich die Beziehung

$$yf(x) = \int_0^{x+y} f(t)\,dt - \int_0^x f(t)\,dt - \int_0^y f(t)\,dt.$$

Genauso ist die rechte Seite gleich $xf(y)$ bzw. weil sie symmetrisch in x und y ist. Damit haben wir für alle $x, y \neq 0$, dass

$$\frac{f(x)}{x} = \frac{f(y)}{y} = f(1) = c$$

ist. Wegen $f(0) = 0$ folgt damit die Behauptung, nämlich $f(x) = cx$ für alle $x \in \mathbb{R}$.

8.5   Der Hauptsatz der Differential- und Integralrechnung

8.5.2 Mit Aufgabe 7.4.1(iv) ist $\frac{1}{4}(\arctan(x-1) - \arctan(x+1))$ eine Stammfunktion von $\frac{x}{x^4+4}$. Damit ist

$$\int_{-1}^{1} \frac{x}{x^4+4}dx = \frac{1}{4}(\arctan(x-1) - \arctan(x+1))\Big|_{-1}^{1}$$

$$= \frac{1}{4}(-\arctan 2 - \arctan(-2)) = 0,$$

was man natürlich sofort einsieht.

8.6   Integralformeln

8.6.2 (i) Hinweis: Für kleine $n \in \mathbb{N}$ rechnet man $\int_0^1 (1-t^2)^n dt$ mit der binomischen Formel aus.

(ii) Hinweis: Für $n \in \mathbb{N}$ beliebig verwendet man die Substitution $t = \sin x$. Dann ist

$$\int_0^1 (1-t^2)^n dt = \int_0^{\frac{\pi}{2}} \cos^{2n+1} x \, dx.$$

Für dieses Integral leitet man durch zweimalige partielle Integration die Rekursionsformel

$$\int \cos^{2n+1} x \, dx = \frac{1}{2n+1} \cos^{2n} x \sin x + \frac{2n}{2n+1} \int \cos^{2n-1} x \, dx$$

her.

8.7   Uneigentliche Integrale

8.7.7 Mit $u = \frac{1}{1+x}$ und $v' = \cos x$ berechnen wir für alle $c > 0$ durch partielle Integration, dass

$$\int_0^c \frac{\cos x}{1+x}dx = \frac{\sin x}{1+x}\Big|_0^c - \int_0^c \frac{\sin x}{(1+x)^2}dx$$

$$= \frac{\sin c}{1+c} - \int_0^c \frac{\sin x}{(1+x)^2}dx.$$

Wegen

$$\int_0^c \frac{|\sin x|}{(1+x)^2}dx \le \int_1^{1+c} \frac{1}{t^2}dt = 1 - \frac{1}{1+c} \le 1$$

für alle $c > 0$ konvergiert das Integral $\int_0^\infty \frac{\sin x}{(1+x)^2} dx$ (absolut) und weil $\frac{\sin c}{1+c} \to 0$ für $c \to \infty$ folgt, dass auch das Integral $\int_0^\infty \frac{\cos x}{1+x} dx$ konvergiert (aber nicht absolut) und es gilt die Gleichheit der Grenzwerte:

$$\int_0^\infty \frac{\cos x}{1+x} dx = \int_0^\infty \frac{\sin x}{(1+x)^2} dx.$$

8.7.8 Hinweis: Man substituiere $s = t^2$ und integriere anschließend partiell.

8.8   Das Integralkriterium und Anwendungen

8.8.1 Hinweis: Vergleiche Aufgabe 6.4.2.

8.8.2 (ii) Hinweis: Man verwende Aufgabe 7.3.2(vii).

8.9   Grenzwertsätze

8.9.2 Hinweis: Man betrachte zunächst den Spezialfall, dass $f_k(x) = f(x)$ für alle $k \in \mathbb{N}$ und dass $a_k = c$ für ein festes $c \in [a, b]$ und alle $k \in \mathbb{N}$ gilt.

8.9.7 (i) Durch Umformung zeigt man, dass

$$\frac{\int_0^x (1-t^2)^n dt}{\int_0^1 (1-t^2)^n dt} = 1 - \frac{\int_x^1 (1-t^2)^n dt}{\int_0^1 (1-t^2)^n dt} \tag{8.1}$$

für $x > 0$. Wir sind also fertig, wenn für $\varepsilon > 0$ ein $N = N(\varepsilon, x)$ existiert, so dass für $x > 0$ gilt:

$$\frac{\int_x^1 (1-t^2)^n dt}{\int_0^1 (1-t^2)^n dt} < \varepsilon \quad \text{für } n \geq N.$$

Es ist aber:

$$\int_0^1 (1-t^2)^n dt \geq \int_0^1 (1-t)^n dt = \int_0^1 t^n dt = \frac{1}{n+1}$$

sowie

$$\int_x^1 (1-t^2)^n dt < (1-x)(1-x^2)^n \leq (1-x^2)^{n+1}.$$

Für $x = 1$ ist nichts zu zeigen, für $x = 0$ nichts behauptet. Für $0 < x < 1$ gilt:

$$(n+1)(1-x^2)^{n+1} = \frac{n+1}{\left(1+\frac{x^2}{1-x^2}\right)^{n+1}} \leq \frac{n+1}{(n+1)\frac{n}{2}\left(\frac{x^2}{1-x^2}\right)^2},$$

wenn man in der binomischen Entwicklung des Nenners nur das zweite Glied berücksichtigt. Es folgt:

$$\frac{\int_x^1 (1-t^2)^n dt}{\int_0^1 (1-t^2)^n dt} \leq \frac{2}{n} \cdot \frac{1-x^2}{x^2} \leq \frac{2}{n} \cdot \frac{1}{x^2} < \varepsilon$$

falls $N = N(\varepsilon, x)$ hinreichend groß ist.

(ii) Aufgrund von (8.1) braucht man nur die Abschätzung

$$\left| \int_0^x \frac{\int_y^1 (1-t^2)^n dt}{\int_0^1 (1-t^2)^n dt} dy \right| < \varepsilon$$

für $0 < x < 1$ und $n \geq N = N(\varepsilon)$ zu zeigen: Weil

$$\left| \frac{\int_y^1 (1-t^2)^n dt}{\int_0^1 (1-t^2)^n dt} \right| \leq 1$$

ist, gilt

$$\left| \int_0^x \frac{\int_y^1 (1-t^2)^n dt}{\int_0^1 (1-t^2)^n dt} dy \right| < \varepsilon$$

für $0 < x < \varepsilon$. Andererseits gilt nach Teil (i), dass

$$\left| \frac{\int_y^1 (1-t^2)^n dt}{\int_0^1 (1-t^2)^n dt} dy \right| < \varepsilon$$

für $\varepsilon < y < 1$ gleichmäßig. Für $n \geq N = N(\varepsilon)$ haben wir daher

$$\left| \int_0^x \frac{\int_y^1 (1-t^2)^n dt}{\int_0^1 (1-t^2)^n dt} dy \right| < \varepsilon.$$

8.9.10 Hinweis: Man verwende Aufgabe 6.4.3

A Mengensysteme, Relationen und Partitionen

A.1 Mengensysteme

A.1.2 (I) „$\Rightarrow$": Sei $X \subset Y$. Zu zeigen ist, dass dann $\mathcal{P}(X) \subset \mathcal{P}(Y)$. Dazu sei $A \in \mathcal{P}(X)$. Das bedeutet aber, dass $A \subset X$. Wegen $X \subset Y$ folgt hieraus, dass $A \subset Y$, was aber $A \in \mathcal{P}(Y)$ bedeutet. Damit ist die Inklusion $\mathcal{P}(X) \subset \mathcal{P}(Y)$ gezeigt.

(II) „$\Leftarrow$": Sei $\mathcal{P}(X) \subset \mathcal{P}(Y)$. Zu zeigen ist, dass $X \subset Y$. Dazu sei $x \in X$. Das bedeutet aber, dass $\{x\} \subset X$, also $\{x\} \in \mathcal{P}(X)$. Wegen $\mathcal{P}(X) \subset \mathcal{P}(Y)$ haben wir also $\{x\} \in \mathcal{P}(Y)$, was $\{x\} \subset Y$, also $x \in Y$ bedeutet. Damit ist auch die Inklusion $X \subset Y$ bewiesen.

A.2 Indizierte Familien

A.2.1 (ii) Wir zeigen, dass

$$f\left(\bigcap_{\lambda \in \Lambda} A_\lambda\right) \subset \bigcap_{\lambda \in \Lambda} f(A_\lambda).$$

Dazu sei $y \in f\left(\bigcap_{\lambda \in \Lambda} A_\lambda\right)$. Dann gibt es ein $x \in \bigcap_{\lambda \in \Lambda} A_\lambda$ mit $y = f(x)$. Es gilt $x \in A_\lambda$ für alle $\lambda \in \Lambda$. Also gibt es für alle $\lambda \in \Lambda$ ein $x_\lambda \in A_\lambda$, nämlich $x_\lambda = x$ mit $y = f(x_\lambda)$. Das bedeutet aber, dass $y \in f(A_\lambda)$ für alle $\lambda \in \Lambda$, d. h. $y \in \bigcap_{\lambda \in \Lambda} f(A_\lambda)$, womit die Behauptung bewiesen ist.

A.3 Äquivalenzrelationen und Partitionen

A.3.2 (ii) Dies ist eine Äquivalenzrelation:

Reflexivität: nRn, denn $n - n = 0$ ist ein Vielfaches von p für jedes p.

Symmetrie:

$$nRm \Leftrightarrow n - m \text{ ist ein Vielfaches von } p$$
$$\Leftrightarrow m - n = -(n - m) \text{ ist ein Vielfaches von } p$$
$$\Leftrightarrow mRn.$$

Transitivität:

$$nRm \text{ und } mRk \Leftrightarrow n - m \text{ und } m - k \text{ sind Vielfache von } p$$
$$\Leftrightarrow n - m = q_1 p, \; m - k = q_2 p, \; q_1, q_2 \in \mathbb{Z}.$$

Hieraus folgt, dass

$$n - k = (n - m) + (m - k) = (q_1 + q_2)p,$$

d. h. $n - k$ ist ein Vielfaches von p, d. h. es gilt nRk.

Die zu R gehörige Partition ist im ersten Teil der Aufgabe angegeben.

(iii) Für $p = 1$ und für $p = 2$ ist dies eine Äquivalenzrelation, für $p \geq 3$ jedoch nicht: Sei $n = p - 1$. Dann ist $n + n = 2p - 2$ kein Vielfaches von p, also ist die Reflexivität nicht erfüllt.

A.3.9 Dass $\sim$ eine Äquivalenzrelation auf $\mathbb{R}$ definiert ist klar.

(i)   Wegen $f(x) = k$ für $k \leq x < k + 1$, $k \in \mathbb{Z}$ gilt $\operatorname{Im}\mathbb{R} \subset \mathbb{Z}$. Andererseits gilt $k = f(k)$ für $k \in \mathbb{Z}$, damit gilt insbesondere auch $\mathbb{Z} \subset \operatorname{Im}\mathbb{R}$. Also ist $\operatorname{Im} f = \mathbb{Z}$.

(ii) Wegen

$$x \sim x' \Leftrightarrow \exists k \in \mathbb{Z} \text{ mit } k \leq x, x' < k + 1$$

ist $A_k := \{\, [k, k+1) \mid k \in \mathbb{Z} \,\}$ eine Partition von $\mathbb{R}$ und $A = \mathbb{Z}$ ein Repräsentantensystem von $\sim$.

(iii) $f_1 : \mathbb{R} \to A = \mathbb{Z}$, $f_1(x) := A_x = A_k$ für $k \leq x < k+1$ ist surjektiv. $f_2 : A \to \operatorname{Im} f$, $f_2(A_k) := k$ ist bijektiv und $f_3 : \operatorname{Im} f \to \mathbb{R}$, $f_3(k) := k$ ist injektiv und für alle $x \in \mathbb{R}$ gilt

$$f_3\left(f_2\left(f_1(x)\right)\right) = k = f(x) \text{ für } k \leq x < k + 1.$$

Damit kommutiert das Diagramm

$$
\begin{array}{ccc}
\mathbb{R} & \xrightarrow{\;f\;} & \mathbb{R} \\
{\scriptstyle f_1}\downarrow & & \uparrow{\scriptstyle f_3} \\
A & \xrightarrow[\;f_2\;]{} & \operatorname{Im} f
\end{array}
$$

A.4   Ordnungsrelationen

A.4.1 (i) Sei $n \in T_p$. Wegen n teilt n gilt $(n,n) \in R_p$. Damit ist R_p reflexiv.

Sei $(m,n) \in R_p$ und sei $(n,m) \in R_p$. Dann gilt m teilt n und n teilt m. Hieraus folgt aber, dass $m = n$, weshalb R_p anti-symmetrisch ist.

Seien $(k,\ell) \in R_p$ und $(\ell,m) \in R_p$. Dann gilt: k teilt ℓ und ℓ teilt m. Hieraus folgt: k teilt m, d. h. $(k,m) \in R_p$, weshalb R_p transitiv ist.

Damit ist R_p eine Ordnung auf T_p.

B Konstruktion der reellen Zahlen

B.1 Cauchy-Folgen in einem angeordneten Körper

B.1.1 Sei $\varepsilon > 0$. Man wähle $N \in \mathbb{N}$, so dass

$$|a_n - a_m| < \frac{\varepsilon}{3}, \quad |a_n - b_n| < \frac{\varepsilon}{3}$$

für $n, m \geq N$. Dann folgt

$$|b_n - b_m| \leq |b_n - a_n| + |a_n - a_m| + |a_m - b_m| < \varepsilon$$

für $n, m \geq N$, womit $(b_n)_{n\in\mathbb{N}}$ eine Cauchy-Folge ist.

B.2 Definition der reellen Zahlen

B.2.1 Hinweis: $(a_n)_{n\in\mathbb{N}}$ und $(b_n)_{n\in\mathbb{N}}$ mit

$$a_n := \sum_{k=0}^{n} \frac{1}{k!}, \quad b_n := \left(1 + \frac{1}{n}\right)^n$$

sind Beispiele rationaler Zahlenfolgen, welche die Eulersche Zahl e repräsentieren.

B.3 Der angeordnete Körper der reellen Zahlen

B.3.2 Weil $(a_n)_{n\in\mathbb{N}}$ vom positiven Typ ist, gibt es ein $c \in \mathbb{Q}$, $c > 0$ und ein $N \in \mathbb{N}$ mit

$$a_n > c \text{ für } n \geq N.$$

Sei $\varepsilon = c' := \frac{c}{2}$. Wegen $(a'_n)_{n\in\mathbb{N}} \sim (a_n)_{n\in\mathbb{N}}$ gibt es ein $N' \in \mathbb{N}$, $N' \geq N$, so dass

$$|a_n - a'_n| < \frac{c}{2} \text{ für } n \geq N'.$$

Es folgt, dass

$$a'_n > a_n - \frac{c}{n} > \frac{c}{2} = c' \text{ für } n \geq N'.$$

Damit ist $(a'_n)_{n\in\mathbb{N}}$ eine Folge vom positiven Typ.

B.4   Der Dedekindsche Satz

B.4.1 Hinweis: Sei $\alpha = [(a_n)_{n \in \mathbb{N}}] \in \mathbb{R}$, $a_n = \frac{p_n}{q_n}$, $p_n \in \mathbb{Z}$, $q_n \in \mathbb{N}$ für $n \in \mathbb{N}$. Man zeige, dass dann $i(a_N + 1) = [(a_N + 1)_{\ell \in \mathbb{N}}] > \alpha$ gilt für $N \in \mathbb{N}$ geeignet groß, dabei ist $(a_N + 1)_{\ell \in \mathbb{N}}$ die konstante Folge $a_N + 1, a_N + 1, a_N + 1, \ldots$.

B.5   Das Hilbertsche Programm

B.5.1 (ii) Hinweis: Man benutze den ersten Teil der Aufgabe.

B.5.2 (ii) Hinweis: Man benutze den ersten Teil der Aufgabe und B.5.1(ii).

B.5.3 Hinweis: Man benutze B.5.2(ii).

C   Elementare komplexe Analysis

C.1   Komplexe Zahlen

C.1.8 (i) Hinweis: Man addiere die Ausdrücke $(1+z)^{2n}$ und $(1-z)^{2n}$ für z reell und anschließend für z rein imaginär. So erhält man die Formel (vergleiche auch Aufgabe 1.3.9(i))

$$\sum_{k=0}^{2n}(-1)^k\binom{2n}{2k}t^{2k} = \mathrm{Re}(1+it)^{2n},$$

also

$$\sum_{k=0}^{2n}(-1)^k\binom{2n}{2k} = \begin{cases} 0 & \text{für } n \text{ ungerade,} \\ 2^n & \text{für } n = 4m, \ m \in \mathbb{N}_0, \\ -2^n & \text{für } n = 4m+2, \ m \in \mathbb{N}_0. \end{cases}$$

Letzteres kann man durch vollständige Induktion über n beweisen und einsehen, wenn man die komplexe Exponentialfunktion kennt: Es ist $1+i = \sqrt{2}\exp\left(\frac{\pi}{4}i\right)$.

C.2   Unendliche Reihen komplexer Zahlen

C.2.1 (iv) Es ist $\sum\limits_{k=0}^{\infty}\frac{z^k}{(2+i)^k} = \sum\limits_{k=0}^{\infty}a_k z^k$ mit $a_k = (2+i)^{-k}$. Wegen

$$\sqrt[k]{|a_k|} = \frac{1}{|2+i|} = \frac{1}{\sqrt{5}}$$

ist $\lim\limits_{k\to\infty}\sqrt[k]{|a_k|} = \frac{1}{\sqrt{5}}$ und $R = \sqrt{5}$ ist damit der gesuchte Konvergenzradius. Dies kann man auch so einsehen:

$$\sum_{k=0}^{\infty}\frac{z^k}{(2+i)^k} = \sum_{k=0}^{\infty}\left(\frac{z}{2+i}\right)^k$$

ist als geometrische Reihe für $\left|\frac{z}{2+i}\right| < 1$, also für $|z| < \sqrt{5}$ konvergent.

C.3   Komplexe Polynome und rationale Funktionen

C.3.1 (i) Um die Wurzeln der Gleichung $z^2 = a \in \mathbb{C}$ zu bestimmen, nehmen wir an, dass $z = x + iy$ eine Lösung von

$$z^2 = a = \alpha + i\beta$$

ist. Dann gilt $\alpha + i\beta = (x + iy)^2 = (x^2 - y^2) + 2xyi$, d. h.

$$x^2 - y^2 = \alpha, \quad 2xy = \beta.$$

Es folgt, dass

$$4x^4 - 4x^2y^2 = 4\alpha x^2, \quad 4x^2y^2 = \beta^2,$$

also

$$(2x^2)^2 - 2\alpha(2x^2) - \beta^2 = 0$$

und durch quadratische Ergänzung

$$(2x^2 - \alpha)^2 = \alpha^2 + \beta^2 = |a|^2,$$

also

$$x^2 = \frac{\alpha \pm |a|}{2}.$$

Es folgt leicht, dass für $a \neq 0$ das Minuszeichen nicht gelten kann. Ähnlich ist

$$y^2 = \frac{-\alpha + |a|}{2}.$$

Hieraus folgt, dass

$$x = \pm\sqrt{\frac{\alpha + |a|}{2}}, \quad y = \pm\sqrt{\frac{-\alpha + |a|}{2}}.$$

Nun ist

$$\beta = 2xy = \pm\sqrt{(\alpha + |a|)(-\alpha + |a|)} = \pm|\beta|.$$

Hieraus ergeben sich im Fall $\beta \geq 0$ die Lösungen

$$z_{1,2} = \pm\left(\sqrt{\frac{\alpha + |a|}{2}} + i\sqrt{\frac{-\alpha + |a|}{2}}\right)$$

$$= \pm\left(\sqrt{\frac{\alpha + |a|}{2}} + i\frac{\beta}{\sqrt{2(\alpha + |a|)}}\right)$$

$$= \pm\frac{a + |a|}{\sqrt{2(\alpha + |a|)}}$$

$$= \pm\sqrt{|a|}\frac{a + |a|}{\sqrt{(a + |a|)(\overline{a} + |a|)}}$$

$$= \pm\sqrt{|a|}\frac{a + |a|}{|a + |a||}.$$

Im Fall $\beta < 0$ hat man

$$z_{1,2} = \pm\left(\sqrt{\frac{\alpha + |a|}{2}} - i\sqrt{\frac{-\alpha + |a|}{2}}\right)$$

$$= \pm\left(\sqrt{\frac{\alpha + |a|}{2}} + i\frac{\beta}{\sqrt{2(\alpha + |a|)}}\right)$$

$$= \pm\sqrt{|a|}\frac{a + |a|}{|a + |a||}.$$

Man zeigt leicht, dass $z_{1,2}$ tatsächlich die Gleichung $z^2 = a$ lösen.

C.4   Komplexe Funktionen

C.4.1 (i) Hinweis: Es ist

$$\left|\frac{\operatorname{Re} z}{1 + |z|}\right| \leq \frac{|\operatorname{Re} z|}{1 + |\operatorname{Re} z|} \to 0 \text{ für } z \to 0,$$

denn dann gilt auch $\operatorname{Re} z \to 0$.

C.5 Komplex differenzierbare Funktionen

C.5.2 Sei $f = u + iv$, und sei $\overline{f}$ in $\mathbb{C}$ holomorph. Dann existieren für alle $z_0 = x_0 + iy_0 \in \mathbb{C}$ die Grenzwerte

$$\lim_{z \to z_0} \left(\frac{u(z) - u(z_0)}{z - z_0} + i\frac{v(z) - v(z_0)}{z - z_0} \right),$$

$$\lim_{z \to z_0} \left(\frac{u(z) - u(z_0)}{z - z_0} - i\frac{v(z) - v(z_0)}{z - z_0} \right).$$

Daraus ergibt sich die Existenz von

$$\lim_{z \to z_0} \frac{u(z) - u(z_0)}{z - z_0}$$

sowie durch Spezialisierung

$$\lim_{x \to x_0} \frac{u(x, y_0) - u(x_0, y_0)}{x - x_0} = \lim_{y \to y_0} \frac{u(x_0, y) - u(x_0, y_0)}{iy - iy_0}.$$

Da der erste Grenzwert reell und der zweite rein imaginär ist, müssen beide verschwinden. Aus dem Identitätssatz für reelle Funktionen folgt, dass

$$u(x, y_0) = \text{const} = g(y_0),$$
$$u(x_0, y) = \text{const} = h(x_0),$$

weshalb $\text{Re}\, f = u = \text{const}$ sein muss.

C.6 Die Exponentialfunktion

C.6.2 Aus der Funktionalgleichung und der Eulerschen Formel folgt, dass

$$\exp z = \exp(x + iy) = \exp x \exp(iy) = \exp x (\cos y + i \sin y).$$

Damit ist $|\exp z| = \exp x$ und

$$\inf_{|z| \le r} |\exp z| = \exp(-r).$$

C.7   Die trigonometrischen Funktionen

C.7.2 (i) Wir multiplizieren die Summe $\sum\limits_{k=1}^{n} \exp(2ikz)$ mit $2i \sin z$, benutzen die

Formel

$$\begin{aligned}
\exp(z + iz') - \exp(z - iz') &= \exp z(\exp(iz') - \exp(-iz')) \\
&= \exp z(\cos z' + i \sin z' - \cos(-z') - i \sin(-z')) \\
&= 2i \exp z \sin z'
\end{aligned}$$

und erhalten

$$\begin{aligned}
2i \sin z \sum_{k=1}^{n} \exp(2ikz) &= \sum_{k=1}^{n} (\exp(i(2k + 1)z) - \exp(i(2k - 1)z)) \\
&= \sum_{k=1}^{n} \exp(i(2k + 1)z) - \sum_{k=0}^{n-1} \exp(i(2k + 1)z) \\
&= \exp(i(2n + 1)z) - \exp(iz) \\
&= \exp(i(n + 1)z + inz) - \exp(i(n + 1)z - inz) \\
&= 2i \exp(i(n + 1)z) \sin nz.
\end{aligned}$$

Hieraus folgt die behauptete Identität

$$\sum_{k=1}^{n} \exp(2ikz) = \frac{\sin nz}{\sin z} \exp(i(n + 1)z).$$

Man vergleiche dies mit der Lösung von Aufgabe 6.5.3(i).

C.8   Der Logarithmus und die allgemeine Potenz

C.8.2 Für $n \in \mathbb{N}$ haben wir

$$i^i = \exp(i \log i) = \exp\left(i\left(\log 1 + i\frac{\pi}{2} + 2k\pi i\right)\right) = \exp\left(-2\pi\left(k + \frac{1}{4}\right)\right),$$

wobei wir den Logarithmus und das Argument als mehrwertig zulassen.

C.9   Der Fundamentalsatz der Algebra

C.9.2 Hinweis: Es ist

$$|P(z)| = |a_n||z|^n \left| \frac{a_0}{a_n}\frac{1}{z^n} + \frac{a_1}{a_n}\frac{1}{z^{n-1}} + \ldots + \frac{a_{n-1}}{a_n}\frac{1}{z} + 1 \right|.$$

Für R hinreichend groß und $|z| > R$ gilt

$$\left| \frac{a_0}{a_n} \frac{1}{z^n} + \frac{a_1}{a_n} \frac{1}{z^{n-1}} + \ldots + \frac{a_{n-1}}{a_n} \frac{1}{z} \right| < \varepsilon.$$

Hieraus folgt die Behauptung.

C.10 Integration komplexer Funktionen

C.10.1 (iii) Zunächst bestimmen wir die Produktdarstellung des Nenners z^4+4. Es ist

$$z^4 + 4 = (z^2 + 2i)(z^2 - 2i) = (z + \sqrt{-2i})(z - \sqrt{-2i})(z + \sqrt{2i})(z - \sqrt{2i})$$
$$= (z + \sqrt{2}i\sqrt{i})(z - \sqrt{2}i\sqrt{i})(z + \sqrt{2}\sqrt{i})(z - \sqrt{2}\sqrt{i}).$$

Nun ist

$$\sqrt{i} = e^{i\frac{\pi}{4}} = \frac{1}{\sqrt{2}}(1 + i),$$

$$i\sqrt{i} = \frac{1}{\sqrt{2}}(-1 + i),$$

deshalb haben wir

$$z^4 + 4 = (z - 1 + i)(z + 1 - i)(z + 1 + i)(z - 1 - i).$$

Die Partialbruchzerlegung von $\frac{z}{z^4+4}$ lautet also

$$\frac{z}{z^4 + 4} = \frac{C_1}{z - 1 + i} + \frac{C_2}{z + 1 - i} + \frac{C_3}{z + 1 + i} + \frac{C_4}{z - 1 - i}.$$

Multiplikation mit $(z - 1 + i)(z + 1 - i)(z + 1 + i)(z - 1 - i)$ liefert

$$\begin{aligned}
z &= C_1(z + 1 - i)(z^2 - 2i) + C_2(z - 1 + i)(z^2 - 2i) \\
&\quad + C_3(z^2 + 2i)(z - 1 - i) + C_4(z^2 + 2i)(z + 1 + i) \\
&= (C_1 + C_2 + C_3 + C_4)z^3 \\
&\quad + ((C_1 - C_2 - C_3 + C_4) + (-C_1 + C_2 - C_3 + C_4)i)z^2 \\
&\quad + 2(-C_1 - C_2 + C_3 + C_4)iz \\
&\quad + 2((-C_1 + C_2 + C_3 - C_4) + (-C_1 + C_2 - C_3 + C_4)i).
\end{aligned}$$

Der Koeffizientenvergleich liefert

$$C_1 + C_2 + C_3 + C_4 = 0,$$
$$C_1 - C_2 - C_3 + C_4 = 0,$$
$$-C_1 + C_2 - C_3 + C_4 = 0,$$
$$C_1 + C_2 - C_3 - C_4 = \frac{i}{2},$$
$$-C_1 + C_2 + C_3 - C_4 = 0,$$
$$-C_1 + C_2 - C_3 + C_4 = 0.$$

Es folgt, dass $2(C_1 - C_2) = 0$, $2(C_1 + C_2) = \frac{i}{2}$, also $C_1 = C_2 = \frac{i}{8}$. Außerdem ist $2(-C_3 + C_4) = 0$, $2(C_3 + C_4) = -\frac{i}{2}$, also $C_3 = C_4 = -\frac{i}{8}$. Die Partialbruchzerlegung lautet also

$$\frac{z}{z^4 + 4} = \frac{i}{8(z - 1 + i)} + \frac{i}{8(z + 1 - i)} - \frac{i}{8(z + 1 + i)} - \frac{i}{8(z - 1 - i)}.$$

Integration liefert

$$\int \frac{x}{x^4 + 4} dx = \frac{i}{8}(\log(x - 1 + i) + \log(x + 1 - i) - \log(x + 1 + i) - \log(x - 1 - i))$$

$$= \frac{i}{8}\left(\frac{1}{2}\log((x - 1)^2 + 1) + i\arctan\frac{x - 1}{-1}\right.$$

$$+ \frac{1}{2}\log((x + 1)^2 + 1) + i\arctan\frac{x + 1}{1}$$

$$- \frac{1}{2}\log((x + 1)^2 + 1) - i\arctan\frac{x + 1}{-1}$$

$$\left. - \frac{1}{2}\log((x - 1)^2 + 1) - i\arctan\frac{x - 1}{1}\right)$$

$$= \frac{1}{8}(-\arctan(-x + 1) - \arctan(x + 1)$$

$$+ \arctan(-x - 1) + \arctan(x - 1))$$

$$= \frac{1}{4}(\arctan(x - 1) - \arctan(x + 1)).$$

Man vergleiche dies mit der reellen Lösung aus den Aufgaben 4.2.3(iv) und 7.4.1(iv).